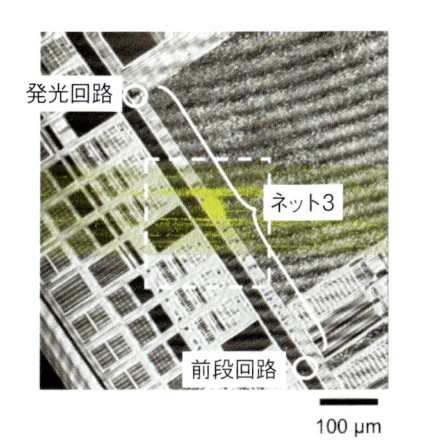

(a) 低倍率観測  　　　　　　　　(b) 高倍率観測

図 5.19　SDL 観測結果
(p.124 参照)

(a) 低倍率観測 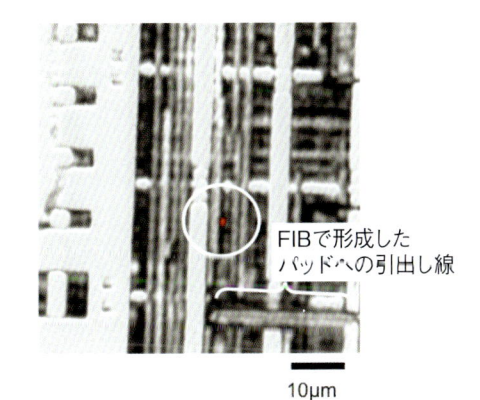 　　　　　　　　(b) 高倍率観測

図 5.20　IR-OBIRCH 観測結果
(p.124 参照)

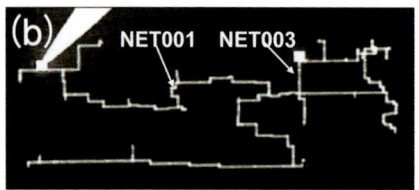

(b)　NET001 の EBAC 像

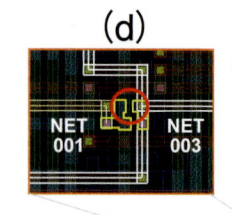

(d)　NET001 と NET003 の最近接箇所レイアウト

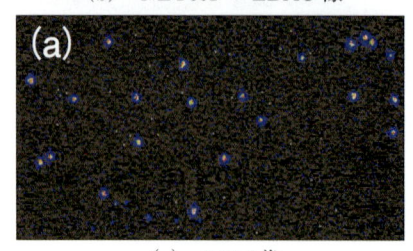

(a)　PEM 像

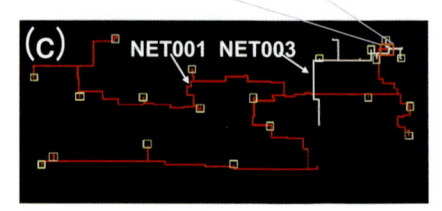

(c)　NET001 と NET003 のレイアウト

図 5.22　スタンバイ電流リーク故障解析例
(p.126 参照)

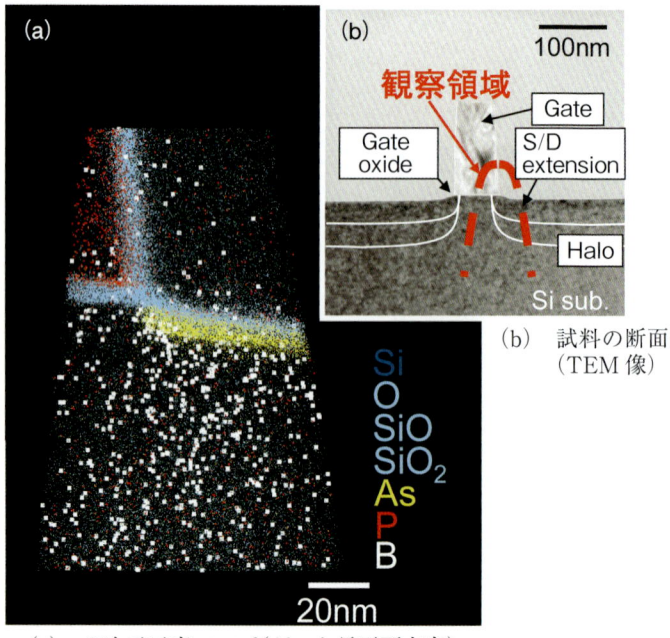

(b)　試料の断面（TEM 像）

(a)　3 次元元素マップ（ゲート長正面方向）

図 5.38　APT による nMOS ドーパントプロファイルの 3 次元観察（ゲート長正面方向）
(p.139 参照)

信頼性技術叢書

LSIの信頼性

信頼性技術叢書編集委員会【監修】
二川　清【編著】
塩野　登・横川慎二・福田保裕
三井泰裕【著】

日科技連

信頼性技術叢書の刊行にあたって

　信頼性技術の体系的図書は1983年から1985年にかけて刊行された全15巻の「信頼性工学シリーズ」以降久しく途絶えていました．その間，信頼性の技術は着実に産業界に浸透していきました．現在，家電や自動車のような耐久消費財はほとんど故障しなくなっています．例えば部品を買い集めて自作したパソコンでも，めったに故障しません．これは部品の信頼性が飛躍的に向上した賜物と考えられます．このように，21世紀の消費者は製品の故障についてあまり考えることなく，製品の快適性や利便性を享受できるようになっています．

　しかしながら，一方では社会的に影響を与える大規模システムの事故や，製品のリコール事例は後を絶たず，むしろ増加する傾向にあって，市民生活の安全や安心を脅かしている側面もあります．そこで，事故の根源を断ち，再発防止や未然防止につなげる技術的かつ管理的な手立てを検討する活動が必要になり，そのために21世紀の視点で信頼性技術を再評価し，再構築し，何が必要で，何が重要かを明確に示すことが望まれています．

　本叢書はこのような背景を考慮して，信頼性に関心を持つ企業人，業務を通じて信頼性に関わりのある技術者や研究者，これから学んでいこうとする学生などへの啓蒙と技術知識の提供を企図して刊行することにしました．

　本叢書では2つの系列を計画しました．1つは信頼性を専門としない企業人や技術者，あるいは学生の方々が信頼性を平易に理解できるような教育啓蒙の図書です．もう1つは業務のうえで信頼性に関わりを持つ技術者や研究者を対象に，信頼性の技術や管理の概念や方法を深く掘り下げた専門書です．

　いずれの系列でも，座右の書として置いてもらえるよう，業務に役立つ考え方，理論，技術手法，技術ノウハウなどを第一線の専門家に開示していただき，また最新の有効な研究成果も平易な記述で紹介することを特徴にしています．

● ● **信頼性技術叢書の刊行にあたって**

　また，従来の信頼性の対象範囲に捉われず，信頼性のフロンティアにある事項を紹介することも本叢書の特徴の1つです．安全性はもちろん，環境保全性との関連や，ハードウェア，ソフトウェアおよびサービスの信頼性など，幅広く取り上げていく所存です．

　本叢書は21世紀の要求にマッチした，実務に役立つテーマを掲げて，逐次刊行していきます．

　今後とも本叢書を温かい目でご覧いただき，ご利用いただくよう切にお願いします．

信頼性技術叢書編集委員会

益　田　昭　彦
鈴　木　和　幸
二　川　　　清
堀　籠　教　夫

まえがき

　LSI（Large Scale Integrated Circuit，シリコンをベースにした大規模集積回路）に代表される半導体が「産業の米」と最初にいわれたのは随分昔のことです．いまでは，家電製品，携帯端末，パソコン，自動車など，生活のありとあらゆるところで，LSIは広く深く使われています．

　LSIがそれほど広く深く使われる理由として，多様な機能を実現できるというだけでなく，故障しにくい，すなわち，信頼性が高いという点があげられます．

　本書はそのLSIの普及を支える信頼性技術の主要な要素技術や手法に焦点をあてています．本書の執筆陣は㈶日本科学技術連盟（日科技連）の「LSI信頼性セミナー」で講師を務めた技術者・研究者です．どの講師も信頼性技術の研究開発と実務の両方の現場を経験しています．その結果として，本書では，LSIにおける信頼性技術に関して，基礎から実際的な応用までを幅広く扱うことができました．

　本書は，信頼性関連の初心者から経験豊富な技術者・研究者すべてを読者対象としています．初心者の方は，難しすぎるところは適当に拾い読みし，まず全貌をつかむとよいでしょう．経験豊かな方には，深く読み込んでいただき，議論に参加していただければ嬉しく思います．

　本書の執筆に際しては，多くの方々にお世話になりました．個々については本文中に記しましたが，この場を借りて，あらためてお礼申し上げます．

　本書の企画に際しては，信頼性技術叢書編集委員会の益田昭彦先生，鈴木和幸先生，堀籠教夫先生，日科技連出版社の塩田峰久氏にお世話になりました．

　執筆から出版のすべての面において，日科技連出版社の木村修氏には多大なご苦労をおかけしました．深く感謝いたします．

応用物理学会の会場がある長崎にて
2010年9月17日

著者を代表して　二川　清

目　　次

信頼性技術叢書の刊行にあたって　*iii*
まえがき　*v*

第 1 章　LSI 信頼性保証概論 ………………………… *1*

1.1　LSI の高密度化と故障物理に基づく信頼性保証　*2*
1.2　信頼性保証の基本的考え方と従来の信頼性保証　*4*
1.3　技術進展と信頼性　*8*
1.4　故障物理に基づく信頼性保証　*10*
1.5　費用効率的な信頼性保証の必要性　*12*
第 1 章の参考文献　*13*

第 2 章　トランジスタ系の信頼性 ………………… *15*

2.1　MOS トランジスタの故障モード　*16*
2.2　可動イオンによる MOS 特性不安定性　*16*
2.3　TDDB（経時的絶縁破壊故障）　*17*
2.4　NBTI（負バイアス・温度不安定性）　*25*
2.5　HCI（ホットキャリア不安定性）　*31*
2.6　高誘電率ゲート絶縁膜（high-k 膜）の PBTI　*36*
第 2 章の参考文献　*39*

第 3 章　LSI 配線の信頼性 ………………………… *43*

3.1　LSI の信頼性における配線の役割　*44*
3.2　エレクトロマイグレーション　*45*
3.3　ストレスマイグレーション　*57*
3.4　配線層間膜の TDDB（Time-Dependent Dielectric Breakdown）　*64*
第 3 章の参考文献　*67*

目次

第4章　静電気破壊現象 ……………………………………… 71

4.1　ESD障害と静電気破壊（ESD損傷）　72
4.2　半導体デバイスにおける静電気破壊　73
4.3　半導体デバイスのESD損傷モデル　75
4.4　デバイス構造とESD耐性　82
第4章の参考文献　90

第5章　故障解析 ……………………………………………… 91

5.1　故障解析概論　92
5.2　非破壊解析　108
5.3　半破壊解析　111
5.4　物理化学解析　118
5.5　事例・トピックス　121
第5章の参考文献　142

第6章　寿命データ解析 ……………………………………… 145

6.1　寿命データ解析の位置付け　146
6.2　本章で扱う範囲　148
6.3　寿命データ解析と信頼性予測に必要な寿命分布　149
6.4　寿命データ解析法　154
6.5　アレニウスプロット法　166
6.6　信頼性予測法　168
第6章の参考文献　172

付表1　記号一覧　173
付表2　略語一覧　174

索引　177

監修者・著者紹介　182

第1章

LSI 信頼性保証概論

　LSIの微細化・高密度化は継続して進んでいる．また，LSIの用途範囲が広がり，製品ライフサイクルの短縮化にともない，開発期間の短縮化も要求されている．一方，高機能化・高集積化が進むLSIの信頼性低下は許されず，従来並みの信頼性の確保が要求されている．このようなLSI環境の変化に対応して，LSIの信頼性保証にも，従来の多数個の試料を用いたストレス試験に基づく保証から故障物理に基づく効率的な保証へと保証方法の変換が要求されている．具体的には，LSIの主要構成要素に関連した故障モード，故障メカニズムを，TEG（試験専用チップ）を用いた加速試験により明らかにする．ついで，これらの故障情報を基に，使用環境やストレス条件に即したストレス試験を実施し，製品認定を行うことである．そのための基礎となる技術が，本書で扱うLSIの故障物理と故障解析技術である．

第1章 LSI信頼性保証概論

1.1
LSIの高密度化と故障物理に基づく信頼性保証

　LSIの高機能化，高集積化は止まることを知らず，現在も，"4年で3倍集積度が向上する"というムーアの法則は継続している．その基本にあるのは，**比例縮小則**(スケーリング)に基づく微細化技術である[1]．しかし微細化は限界に近づきつつあり，LSIの性能向上には，単なる寸法の縮小ではなく，新素材と新しいデバイス構造の採用が必要となっている．その技術には，高誘電率ゲート絶縁膜(**high-k膜**)，Cu配線，低誘電率層間絶縁膜(**low-k膜**)などの新材料の使用が必須になっている．また，SOI構造やマルチゲート構造などの新デバイス構造の開発も進められている[2]．図1.1に，最先端CMOS LSIの断面略図を示す．このような新技術導入は，従来問題視されなかった**故障モード**の顕在化や新たな故障モードの発生を招き，信頼性にも大きな影響を与えている．

　家電製品やモバイル機器などのライフサイクルタイムは短く，機器に使用するLSIのライフサイクルも短くなっている．一方，通信機器本体，航空用電子機器などは10年〜20年と長期間使用される．このようにLSIの用途拡大

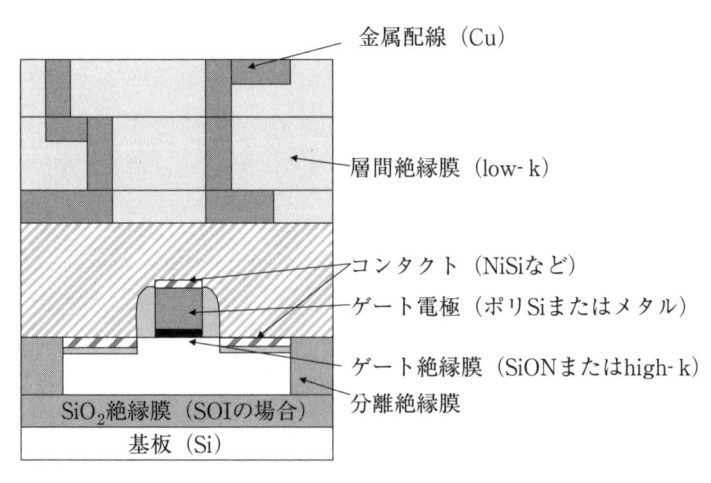

図1.1　先端CMOS LSIの断面構造略図[2]

1.1 LSIの高密度化と故障物理に基づく信頼性保証

とともに，その用途により，LSIの使用期間や要求される信頼性も異なっている．また，半導体デバイスは，現実としてコスト競争下にあり，高信頼性が要求される車載や宇宙搭載機器用LSIにも，低価格化が要求され，コスト圧力は強いものがある．

さらに，LSI設計・製造の形態は，従来の1社で設計から製造まで行う垂直統合型から，設計と製造を別々の社が行う水平分業型へと形態が変化している．このような形態の変化にともない，従来の1社内の信頼性保証活動から，多社間にまたがる信頼性保証活動となり，活動の分担やインターフェースの取り方など**信頼性保証**の複雑性を増している．

以上のような，開発スピードの増大とライフサイクルタイムの短縮，コスト圧力の強まり，さらに設計・製造の形態の変化などがある状況で，LSIには，一層の高機能化・高集積化が要求されている．一方，信頼性低下は許されず，従来並みの信頼性の確保が要求されている．LSIの高密度化は，1つのLSIに集積化されるMOSFETや抵抗などの要素数が飛躍的に増加することであり，LSIあたりの信頼性を変化させないためには，要素あたりの信頼性を大幅に向上させる必要がある．このような状況で，従来と同様な信頼性保証手法で，LSIの信頼性を維持するには限界があり，信頼性保証の考え方や手法の見直しが要請されている．

新しい信頼性保証の基本は，**故障物理**に基づく保証であり，実使用条件を知った上での保証である．故障物理に基づく保証とは，LSIの使用環境，ストレス条件，要求される使用期間で，どのような故障が発生し，その信頼度はどれくらいかを予測できるようにすることである．そのためには，LSIの故障モード，故障メカニズム，加速性などを明確にする必要がある．これらを明確にするのが故障物理である．

実使用条件を知った上での保証とは，ユーザとの協力の上で，使用環境，ストレス，期間などの条件を明確にし，それらの条件下での要求される信頼性が満足できるかを，実際のLSIを用いた**信頼性試験**や**TEG**（Test Element Group，試験専用チップ）を用いた試験による要素技術の信頼性データを基に

評価することである．本書で取り上げている各種構造の信頼性と故障解析は，これらの信頼性保証の基本となる技術である．本章では，現在の LSI の信頼性保証の置かれた状況と，今後の信頼性保証のあり方とその手法について概観する．

1.2
信頼性保証の基本的考え方と従来の信頼性保証

　最終 LSI 製品の信頼性保証は，ストレス試験に基本をおいており，この試験は，一般に認定(Qualification)試験と呼ばれている．認定試験の目的は，目標とした信頼性が意図した使用環境および使用期間で確保できるかを確かめることである．認定試験は，製造者にとっては，最終的な量産移行判断であり，ユーザ側からすれば，製品採用の判断の基準となる．認定試験を含めた総合的信頼性保証が不十分な場合は，市場での不良率の増加やリコールになり，コスト増や企業信頼性の失墜に結びつきビジネス上の大きな損失を招く．

　従来の認定試験は，業界ごとに定められた標準的な各種ストレス試験を採用してきた．一般の電子産業用では JESD 47G[3]，車載用では AEC-Q100[4]，軍用や宇宙用では MIL-883 Method 5005.14[5] が代表的な標準である．認定試験の大きな目的は，①予測されるストレス(環境，電気的)に使用期間中耐えられるか，②予測されるストレスに，使用期間中曝されても期待される信頼性が保たれるかを試験により保証することである．信頼性の指標には，初期故障率と長期信頼性がある．メモリの場合にはソフトエラー率もある．

　よく知られているように，電子デバイスの故障率と時間の関係は，図 1.2(a) に示すように，初期故障期，偶発故障期，摩耗(寿命)期の 3 期間に分類され，**バスタブ曲線**と呼ばれている．これを累積故障 % と時間の関係としてワイブルプロットで示したのが図 1.2(b) である．**初期故障**は，製造時の不具合などによる潜在欠陥に起因し，使用開始の初期に生じる故障である．**偶発故障**は，電源ノイズや静電気放電(ESD)による故障などの偶発的に起こる故障である．

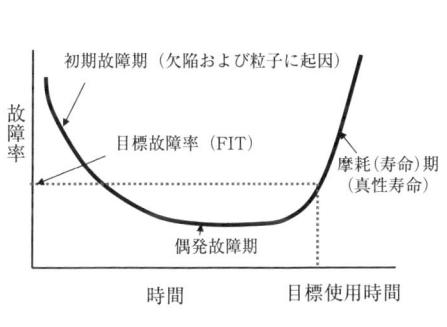

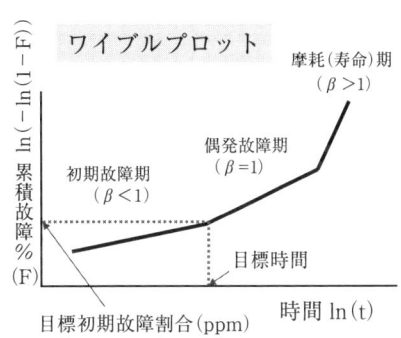

1.2 信頼性保証の基本的考え方と従来の信頼性保証

(a) 故障率-時間の関係（バスタブ曲線）　(b) 累積故障％-時間の関係（ワイブルプロット）

図1.2　故障の時間推移

摩耗故障は，材料の劣化や疲労による故障であり，配線のエレクトロマイグレーション(EM)，酸化膜の経時的絶縁破壊(TDDB)などである．

初期故障の目標設定は，例えば，使用目的に応じて使用開始1年以内の初期故障割合（単位 ppm）を設定する．長期信頼性の目標設定は，例えば，真性寿命や偶発故障を含めた使用期間中に生じる故障について，故障率（単位 FIT=10^{-9}/h）の目標値を設定する．その目標設定の概念を図1.2に示す．ITRS (International Technology Roadmap for Semiconductors)で設定されている目標値は，表1.1のとおりであり，2007年版では，2005年版に比べ長期信頼性の目標値が緩くなっている[6]．これは，技術の高度化・複雑化にともなう信頼性確保の困難性と民生用から宇宙用まで使用条件の広がりに対応していると思われる．一方，2009年版では，2005年版同様の厳しい信頼性目標（要求信頼性）になっている．従来は，作る側からの信頼性目標の記述であったが，2009年版では，ユーザ側（システム側）からの信頼性要求になっているためと思われる．このように，ユーザからは，2005年版と同様の高い信頼性が要求され，車載では，究極的なゼロ欠陥が要求されている．

ストレス試験では，長期間の使用を短時間の試験（長くても1,000h程度）で確認することになるので，主に実使用条件よりも厳しい条件で試験を行う加速

第1章 LSI信頼性保証概論

表1.1 信頼度目標(デバイスあたり)[6]

項目	信頼度目標		
	2005年版	2007年版	2009年版
初期故障 (ppm) (最初の4,000 hの動作時間(デューティ50%で1年に相当))	50-2,000	50-2,000	2-2,000 [i]
長期信頼度(FITs= 故障数/10^9h)	10-100	50-2,000	1-1,000 [ii]
ソフトエラー率/Mbits (FITs)	1,000	1,000-2,000	11,000 [iii]

注[i] 最初の4,000時間動作(50%のデューティサイクルで1年間の使用)の間の故障.0.2%の故障を想定している.1チップによるシステムの場合は,1チップ当たりの故障確率は2,000 ppmである.1,000チップより構成させる大きなシステム(従来の信頼性基準)では,1チップ当たりの故障確率は2 ppmである.

注[ii] 従来の長期信頼性の仕様は,1,000チップより構成させるシステムが10年間の動作(動作温度において)におけるシステム故障率が10%である.これは,チップ当たり85℃で1 FITに相当する.応用とシステム規模により,値は調整される.1チップによるシステムの場合は,仕様は,1,000 FITsに変更される.

注[iii] MTBFが10年であることは,11,408 FITsに相当する.故障はロジックの反転事象である.FITs/Mbitは,1 Mbits当たりの故障確率を示す.大きなシステムは,それに比例して小さなFITs/Mbitが要求される.例えば,100 Mbitチップの場合は,10年のMTBFを達成するために,110 FITs/Mbitが要求される.4GBitのSRAMのシステムでは,要求は,2.75 FITs/Mbitとなる.この仕様では,エラービット補正は,考慮していない.

試験が用いられる.一般にLSIの各種故障は,化学反応,腐食,および機械的疲労などで発生する.そこで,それぞれの故障モードに対応して,温度,電圧,相対湿度,温度差によるストレスを印加し加速試験を行い試験時間を短縮する.ただし,故障モードが変化しない範囲でストレスを印加する必要がある.以下に経験的に知られている主要なストレスに対する**加速式**を示す[7].この式のE_aやnなどの定数は,実際に試験により明確にする必要がある.ここで,AF(Acceleration Factor)は**加速係数**である.

① 温度加速

$$AF(T) = \exp\left(\frac{E_a}{k}\left(\frac{1}{T_{use}} - \frac{1}{T_{stress}}\right)\right)$$

(E_a:活性化エネルギー,k:ボルツマン定数,T_{use}:実使用絶対温度,

T_{stress}：ストレス絶対温度）

② 電圧加速

$$AF(V) = \exp(B(V_{stress} - V_{use})) \quad 又は AF(V_{stress}/V_{use})^n$$

（B, n：定数，V_{use}：実使用電圧，V_{stress}：ストレス電圧）

③ 湿度加速

$$AF(RH) = (RH_{stress}/RH_{use})^n$$

（n：定数，RH_{use}：実使用相対湿度，RH_{stress}：ストレス相対湿度）

④ 温度サイクル

$$AF(\Delta T) = (\Delta T_{stress}/\Delta T_{use})^n$$

（n：定数，ΔT_{use}：実使用温度差，ΔT_{stress}：ストレス温度差）

ストレス試験（加速試験）の着目点は，チップの信頼性，パッケージの信頼性，LSI 実装上の信頼性，および外因性要因（電源ノイズや ESD）に対する信頼性である．それぞれの主な試験と試験条件例（JEDEC 規格）を表 1.2 ～ 1.4 に示す[3]．

表 1.2 ストレス試験条件（チップ信頼性評価条件）[3]

ストレス	目的	標準試験条件	試料数
高温動作試験	初期故障評価	125℃，V_{CMAX} 48 ～ 168h	916 個（1,000ppm）[i]
高温動作試験	寿命評価	125℃，V_{CMAX} 1,000h	77 個 × 3 ロット[ii] （=231 個）
高温保管試験	寿命評価	150℃，1,000h	25 個 × 3 ロット
ソフトエラー率評価	メモリのソフトエラー率評価	加速粒子照射	数個

注［i］ 初期故障評価の試料数算出法： CL60%　判定条件： 故障 0
注［ii］ 寿命評価の試料数算出法：χ^2 分布，CL90%　判定条件： 故障 0
　　　　LTPD=1（0.01/1000h）を想定

表1.3 ストレス試験条件（パッケージ信頼性評価条件）[3]

ストレス	目的	標準試験条件	試料数*
高温保管試験	耐熱性評価	150℃，1000h	25個×3ロット
無バイアス高温高湿試験	耐湿性評価	130℃，80%　96h	25個×3ロット
バイアス高温高湿試験	耐湿性評価	130℃，80%　V_{CMAX}，96h	25個×3ロット
温度サイクル試験	耐温度サイクル評価	−55℃〜125℃　700サイクル	25個×3ロット

＊ 判定条件： 故障0

表1.4 ストレス試験条件（実装，外因性要因信頼性評価条件）[3]

ストレス	目的	標準試験条件	試料数
電気的特性評価	特性が仕様規格を満足しているかの評価	定格の高温，低温	数10個（3ロット）
ESD耐性（HBM，CDM）	実装や取扱い時のESD耐性評価	HBM（MM）[i]　CDM	数個
ラッチアップ	外部ノイズ（過電圧）耐性	JESD78-Bなど[ii]	数個
パッケージの耐湿性	表面実装デバイスのリフロー耐性	JESD22-A113Fなど[ii]	数個

注［i］ 「HBM」はHuman Body Model（人体帯電モデル），「MM」はMachine Model（マシンモデル），「CDM」はCharged Device Model（デバイス帯電モデル）の略．
注［ii］ JESDは，JEDEC（Joint Electron Device Engineering Council）の標準・規格の1つ．

1.3

技術進展と信頼性

　CMOSLSIの高性能化・高密度化は，微細化と新材料の導入によって進んでいる．微細化により顕在化した故障モードには，TDDB，NBTI，ESDやソフトエラーがあり，新材料導入により顕在化した故障モードには，high-kゲー

1.3 技術進展と信頼性

ト絶縁膜の PBTI, Cu 配線のストレス誘起ボイド発生(ストレスマイグレーション), 配線間のリーク電流増大, low-k 膜によりパッケージ組立時の層間膜クラックや内部 Cu 配線のはく離故障などがある[2]. これらをまとめて表 1.5 に示す.

その他, 微細化により, スクリーニングの困難性が指摘されている. その例が TDDB 故障である. TDDB 故障は, ゲート酸化膜の薄層化により TDDB

表 1.5 微細化および新材料導入により顕在化した主な故障モード

項目	故障モード	故障現象	信頼性保証上の問題点
微細化により顕在化した故障モード	TDDB	長時間使用による絶縁性劣化によるリーク電流増大または破壊	薄層化による短寿命化と故障分布の広がり
	NBTI	負バイアス温度ストレス印加下で負方向の V_T 変動 (pMOS で問題)	高電界化と SiON 膜採用による劣化加速. 早い変動/回復現象
	ESD	外部からの静電気放電パルスまたは自身の帯電に起因する静電気放電による内部回路の破壊	微細化による ESD 耐性低下
	ソフトエラー	メモリデバイスの放射線 (α 線, 中性子線) による一時的誤動作	微細化によるメモリに保持される電荷量の減少による誤動作確率増大 (SRAM で問題)
新材料導入により顕在化した故障モード	high-k 膜の PBTI	正バイアス温度ストレス印加下で正方向の V_T 変動 (nMOS で問題)	high-k 膜 (HfO_2 系膜) 中の多量の電子トラップによる変動. 電子トラップ密度低減が必要
	Cu 配線の SIV	Cu 配線ビア部の Cu 移動によるボイド発生 (断線故障)	ビア面積縮小による断線故障発生確率増大
	Cu 配線層間膜の TDDB	Cu 配線間の層間絶縁膜を介しての Cu イオン移動による絶縁性劣化 (リーク電流増加)	Cu 配線間の間隔縮小化によりリーク電流増加故障確率増大
	層間膜クラック, Cu 配線はく離故障	パッケージング時の層間膜クラック, Cu 配線はく離故障	low-k 層間膜の機械的強度不足や材料間の熱膨張係数不整合による問題発生

の故障分布のばらつきが大きくなり,すなわち,ワイブル分布の形状パラメータ(β)が1に近づき[8][9],真性寿命と外因性寿命(製造不具合により寿命の短いもの)の区別が困難になり,従来のスクリーニング手法の適用が困難になる.明確に報告されているのは,TDDBであるが,その他の故障モードでも同様な傾向があると言われている.

チップ起因の故障モードと故障メカニズムについては,良く研究され,比較的理解が進んでいる.一方,LSIの高機能化,高集積化にともないLSIを実装するパッケージも高密度化,多ピン化,狭間隔化,型の多様化が進んでいる.パッケージの技術進歩は,LSIチップ技術以上に進んでおり,パッケージ起因の故障モードと故障メカニズムの理解が追いつかない状況にある.

1.4
故障物理に基づく信頼性保証

コスト効率が高く,短時間の製品認定が要求さている.これまでの認定試験は,上述のように標準条件に基づく試験が主であった.効率的な試験とするためには,対象とする技術に関係する故障モード/故障メカニズムを理解し,さらに製品の使用条件を考慮し,ストレス試験条件を設定することである.そのためには,開発段階から信頼性を考慮し,開発技術に関係する故障モード/故障メカニズムを理解すること,ユーザとの協力により使用条件を知ることが必要である[10][11].この認定フローの概略を図1.3に示す.基本は,LSI開発段階で,内在する故障モード,故障メカニズムを洗い出し,その故障モデル化(加速式の明確化)を行い,摩耗故障について基本的な信頼性問題がないことを確認することである.ついで,実際の製品を用い,使用環境,ストレス,期間などの使用条件と故障モデルを組み合わせ,効率的なストレス試験条件を選定し,試験を実施することにより製品の信頼性を保証することである.

基本技術の信頼性認定は開発段階で行う.具体的手法は,注目する故障モードに適した専用TEGを用い加速試験と解析を行い,故障メカニズムを理解

1.4 故障物理に基づく信頼性保証

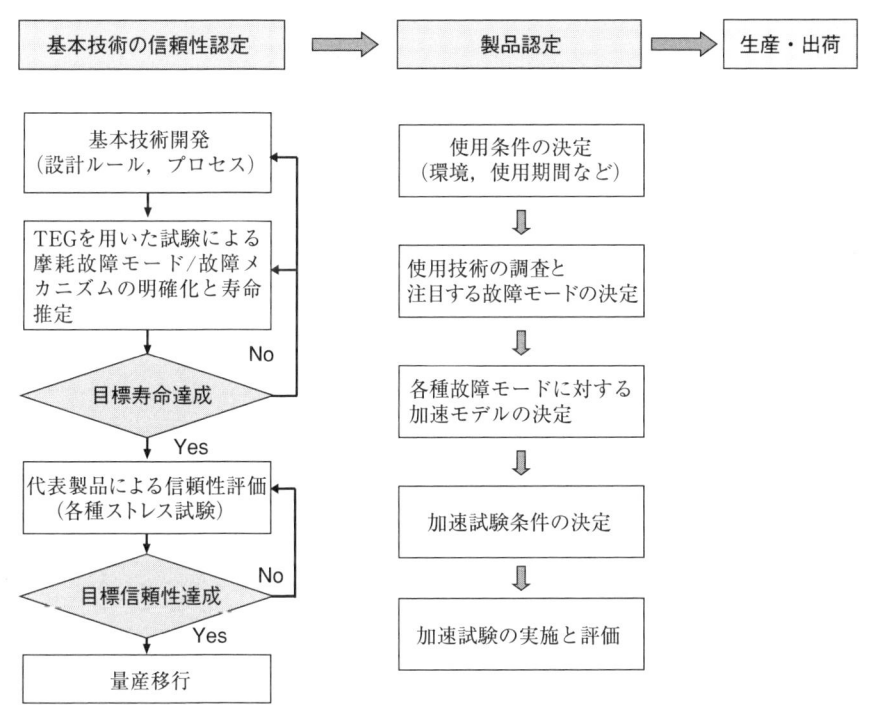

図 1.3 故障物理に基づく製品信頼性保証フロー

し，故障モデルを確立する．その加速モデルを基に，故障モードの寿命推定を行い，実際のLSIの故障率を推定し，各種故障モードに対し，真性的な摩耗故障に信頼性問題がないことを確認する．その後，多数の代表製品(SRAMなど)を用いて，初期故障や長期信頼性の基礎データを収集し，目標故障率を確保できることを確認する．なお，このようなLSI開発段階から信頼性を考慮して開発することは，日本では一般に信頼性作り込みと呼ばれている．

ついで，実際の製品を用いて製品認定を行う．その際，ユーザの協力の下に，製品の使用条件(使用期間，動作時間，温湿度条件，温度サイクル条件など)を明確にする．その使用条件で懸念される故障モードを特定し，基本技術で明らかにした故障モデルを用い，ストレス試験条件を設定する．ついで，その試験条件で試験を行い，目標とする信頼性を確保できるかを明らかにし，製

品認定を行う．

　以上のように，効率的な信頼性保証には，基本技術に内在する各種故障モードを知り，その故障モデルを確立し，そのモデルに基づくストレス試験条件を設定し，試験を実施することが重要である．試験条件設定には，故障物理に基づく各種故障モード・故障メカニズムの理解の他にユーザの使用条件を明確にする必要があり，ユーザとの協調が重要である．製造にファンドリを使用する場合は，ファンドリが所有する基本信頼性情報を基にしたストレス条件設定が必要であり，ファンドリとの協調が重要である．

1.5 費用効率的な信頼性保証の必要性

　開発スピードの増大とライフサイクルタイムの短縮，コスト圧力の強まる状況で，LSIの信頼性保証には，効率的な手法の開発が求められている．その1つの解が，故障物理に基づく信頼性保証，すなわち基本技術に関連した故障モード，故障メカニズムを知り，使用条件に即したストレス試験を実施し，製品認定を行うことである．そのための基礎となる技術が，本書で扱うLSIの故障物理と故障解析技術である．また，LSIの使用期間，環境，ストレスなどの使用条件を知る必要があり，ユーザとの協力関係も一層重要となる．

　1980年代は，品質の優位性で日本は半導体市場を席巻した．しかし，現在はコスト競争に破れ，昔の勢いが失われている．その一因が旧来から引き継いだ日本の過剰品質・信頼性があると言われている．コストに見合った信頼性も重要であり，そのためにはユーザの使用条件を把握し，効率的な信頼性保証を行っていく必要がある．しかし，品質・信頼性を軽視してはならず，費用効率的な信頼性保証手法を開発していく必要がある．

第1章の参考文献

[1] R. H. Dennard, et al., "Design of Ion Implanted MOSFETs with Very Small Physical Dimensions", *IEEE J., Solid-State Circuits* SC-9, 256-268, 1974.

[2] SEMATECH Technology Transfer #03024377A-TR, "Critical Reliability Challenges for The International Technology Roadmap for Semiconductors (ITRS)" March 31, 2003

[3] JESD 47G, "Stress-Test-Driven Qualification of Integrated Circuits", *JEDEC Standard*, 2007.

[4] AEC Q100 Rev G, "Failure Mechanism Based Stress Test Qualification for Integrated Circuits", *AEC Standard*, 2007.

[5] MIL-STD-883G Method 5005.14, "Qualification and quality conformance procedures", *MIL Standard*, 2006.

[6] ITRS (International Technology Roadmap for Semiconductors), PIDS 2005, PIDS 2007, PIDS 2009.

[7] JEP122-A, "Failure Mechanisms and Models for Semiconductor Devices", *JEDEC Standard*, 2001.

[8] E. Wu, et al. "New Global Insight in Ultrathin Oxide Reliability Using Accurate Experimental Methodology and Comprehensive Database", *IEEE Trans. Devices and Materials Rel.* 1, pp.69-80, 2001.

[9] J. H. Stathis and D. J. DiMaria, "Reliability projection for ultra-thin oxides at low voltage," *IEDM Tech. Digest*, pp.167-170, 1998,.

[10] JESD 94A, "Application Specific Qualification Using Knowledge Based Test Methodology", *JEDEC Standard*, 2008.

[11] W. Wang, et al., "Qualification for Product Development", 2008 *Int. Conf. on Electronic Packaging Technology & High Density Packaging*, pp.1-12, 2008.

第2章

トランジスタ系の信頼性

　MOSLSIの信頼性は，基本構成要素であるMOSトランジスタの信頼性に大きく影響される．MOSトランジスタの信頼性では，MOS構造(ゲート電極(metalと総称)－酸化膜(oxide(SiO_2))－Si基板)の特性安定性，特に酸化膜－Si界面特性の安定性が重要である．近年の酸化膜の薄層化にともない，実使用時に酸化膜に印加される電界強度が，従来の3MV/cm以下から5～6MV/cmと高くなり，ゲート電極やSi基板からの酸化膜中へのキャリア注入，特に電子注入が起こりやすい条件となっている．このキャリア注入により，酸化膜内のキャリア捕獲による特性変動や酸化膜破壊，およびSi-SiO_2界面の界面準位発生による特性劣化が起こる．これがMOSトランジスタの主要劣化メカニズムである．各種ストレスによるキャリア注入と界面準位発生に焦点をあて，現在問題視されている経時的絶縁破壊故障(TDDB)，負バイアス・温度不安定性(NBTI)を中心に解説する．

2.1
MOS トランジスタの故障モード

LSI の基本構成要素である MOS トランジスタは，1960 年代に開発され，その当時見出された故障モードが現在も引き続き問題視されている．最初に問題視されたのが，可動イオン（Na$^+$イオン）による不安定性，NBTI（Negative Bias Temperature Instability，負バイアス温度不安定性）であり，微細化技術の進展とともに，新たに HCI（Hot-Carrier Instability，ホットキャリア不安定性），TDDB（Time Dependent Dielectric Breakdown，経時的絶縁破壊）が問題となり，最近は，高誘電率（high-k）ゲート絶縁膜採用にともなう PBTI（Positive Bias Temperature Instability，正バイアス温度不安定性）が問題視されている．

2.2
可動イオンによる MOS 特性不安定性

1960 年代の MOS 開発当初は，電気的特性が非常に不安定であり，バイアス・温度印加で特性が大きく変動し，実用上の大きな問題であった．この変動原因について様々な原因調査が行われたが，多くのモデルが提案され，"群盲象を撫でる" に例えられるほど混乱していた[1]．最終的に，MOS の不安定性原因は，酸化膜中の **Na$^+$ イオン移動**であることが明らかにされた[2]．Na$^+$ イオンは，低バイアス印加と低い温度下で，酸化膜中を容易に移動し，MOS 電荷状態を変化させ，特性変動を起こす．図 2.1 にその模式図を示す．

酸化膜中 Na$^+$ イオン移動による MOS の不安定化は，Al ゲートに替わるクリーン化が可能なポリ Si ゲート技術の開発と Na の膜中固定化に効果のある燐ドープ層間絶縁膜（**PSG 膜**，Phospho Silicate Glass）の導入で解決された．最新デバイスでは，40 年来用いられてきたゲート酸化膜（SiO$_2$）/ ポリ Si ゲート技術に替わり，高誘電率ゲート絶縁膜（high-k）/ メタルゲート技術が開発さ

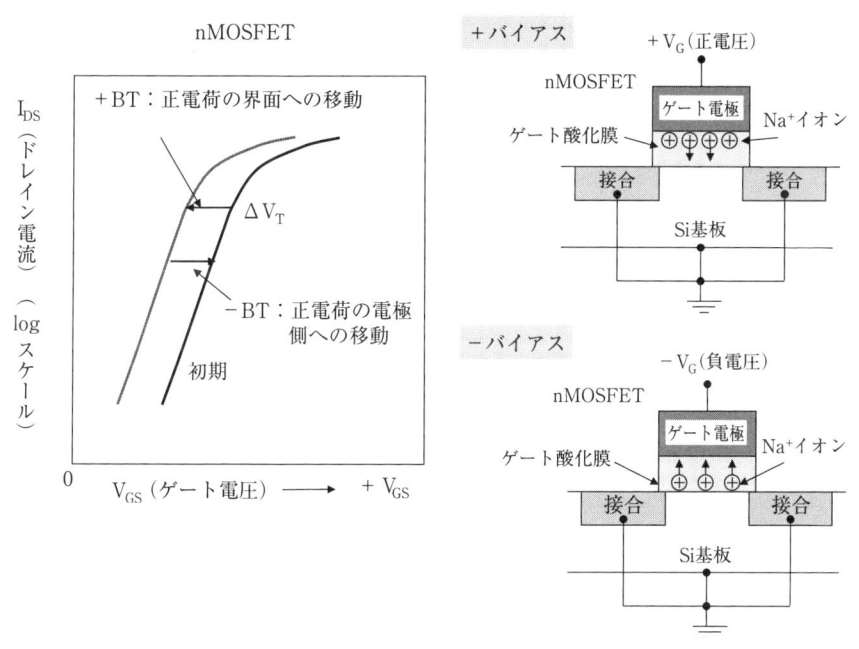

図 2.1　Na⁺ イオン移動による特性変動模式図

れ，実用化されている．この場合はクリーン化技術の難しいメタルゲートであるので，可動イオン問題が再燃する可能性がある．

2.3

TDDB（経時的絶縁破壊故障）

2.3.1　TDDB の歴史

　TDDB とは，酸化膜の絶縁破壊強度（約 10MV/cm）よりも低い実使用電界強度で時間の経過とともに破壊が起こる現象である．TDDB が注目されはじめた 1970 年代後半は，ゲート酸化膜厚が 60 〜 100 nm 時代であり，本来の酸化膜の有する真性耐圧（60 〜 100V）は実使用電圧（12 〜 15V）に比べ非常に高いので，正常に製造されていれば特に問題となるものではなかった．しかし，製

造時の酸化膜欠陥(ピンホールや局所的に膜厚の薄い欠陥)に起因する酸化膜耐圧が低い領域で短時間で故障する TDDB 故障が問題となった[3][4]．すなわち，外因性の TDDB 破壊モードが問題視されていた．

その後も，微細化技術の進展とともにゲート酸化膜の薄層化は継続しており，最近の最先端デバイスでは，ゲート酸化膜厚は 2～3nm となり，物理的限界に近づいている．この薄層化にともない，TDDB は，依然として重要な真性故障モードとして問題視されている．

2.3.2 TDDB 現象

薄いゲート酸化膜に電圧ストレスを印加すると，リーク電流が増加し，その絶縁性が失われる．その現象は，図 2.2 に示すように，増加したリーク電流の大きさにより，**SILC**(Stress induced leakage current)，**ソフトブレークダウン**(Soft breakdown，SBD)，**ハードブレークダウン**(Hard breakdown，HBD)の 3 種類に分類される[5]．SILC は，ストレス印加の初期に現れるもので，1

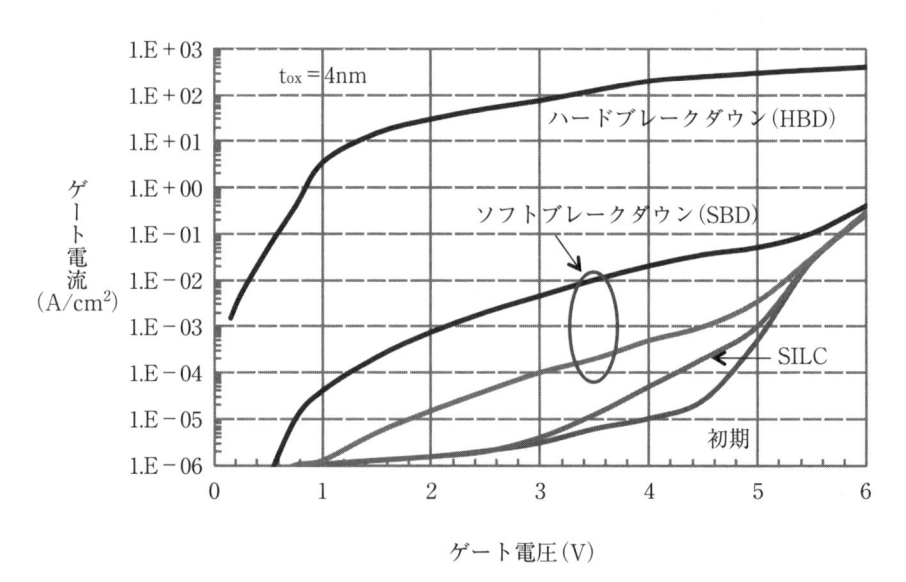

図 2.2　SILC，ソフトブレークダウン，ハードブレークダウンの I-V 特性例

〜2桁程度のリーク電流増加である．HBD は，完全に絶縁性が失われ，オーミック特性を示すものである．一方，SBD は SILC と HBD の中間領域の電流増加を示めすが，完全な破壊に至らず，リーク電流を許容する回路では，デバイス故障に結びつかない場合もある．SBD は5 nm 以下の極薄ゲート酸化膜に見られる現象であり，ゲート酸化膜の薄層化にともないその現象が注目されている．

2.3.3 TDDB 故障メカニズムと故障モデル

TDDB 故障は，電界加速性が強いことから，温度加速性よりは，電圧加速モデルが注目されている．その主要なモデルには，E モデル，1/E モデル，および V_G モデルの3種類がある．

(1) 熱化学モデル(Thermochemical model)（E モデル）[6]

このモデルは温度と電界により，熱化学反応が起こり，SiO_2 膜内の Si-O 結合の破壊に至ると考えるもので，古典的な熱化学反応モデルを基本においている．電界(E_{ox})印加により Si-O 結合位置が元の位置よりわずかにずれ，分極が起こる．その分極により局部的に電界が発生し，電界が強まる．この分極効果を考慮すると，熱化学反応のポテンシャルバリア(ΔH)は一次近似として，電界がない場合のバリア($(\Delta H)_0$)より，pE_{ox}(p は分極モーメント)だけ下がる．

$$\Delta H = (\Delta H)_0 - pE_{ox} \quad \text{(p は分極モーメント)} \quad (2.1)$$

このバリアを熱化学反応モデルに適用すると，

$$T_{BD} = A_0 \exp\left[\frac{(\Delta H)_0 - p\overline{E}_{ox}}{k_B T}\right] = A_0 \exp\left(\frac{(\Delta H)_0}{k_B T}\right) \exp(-\gamma(T) E_{ox}) \quad (2.2)$$

となる．ここで，T_{BD} は故障時間，A_0 は定数，$\gamma(T)$ は温度依存の定数である．このように，T_{BD} は $\propto \exp(-\gamma(T) E_{ox})$ と近似され，故障時間が $\exp(-\gamma E_{ox})$ に比例する E モデルが導かれる．ボンド切れの起こる弱いボンドとして，Si-Si 結合(酸素空位欠陥(E' センター))が有力候補と考えられている．

(2) アノード正孔注入モデル(1/E モデル)

最初の正孔注入モデルは，厚い酸化膜の TDDB モデルとして提案された[7]．そのモデルの概要は，図 2.3(a)に示すように，

①カソード側から FN(Fowler-Nordheim)トンネル電子注入 → ②酸化膜内で，高エネルギーを持つ注入電子と Si 原子との衝突による電子－正孔対発生(直接電離作用) → ③正孔のカソード側への移動 → ④正孔捕獲 → ⑤カソード側の電界増大 → ⑥FN 電子注入量増加(正帰還) → ⑦正孔捕獲が臨界量を超えると破壊というものである．その後，直接電離(約 12eV が必要である)が起こるのに必要な電圧より低い印加電圧となる薄い酸化膜の場合のモデルとして，図 2.3(b)に示すようなアノード正孔注入モデルが提案された[8]．このモデルでは，FN 注入電子がアノード電極側に到達し，そこで，エネルギーの放出を行い電子－正孔対が生成し，その正孔が酸化膜に逆注入されるというモデルである．

正孔注入モデルでは，酸化膜内での正孔捕獲量がある臨界量に達した場合に降伏が起こるとするもので，降伏時間 T_{BD} は，以下のように近似される．

(a) 厚い膜の場合
(直接電離モデル)

(b) 薄い膜の場合
(アノード正孔注入モデル)

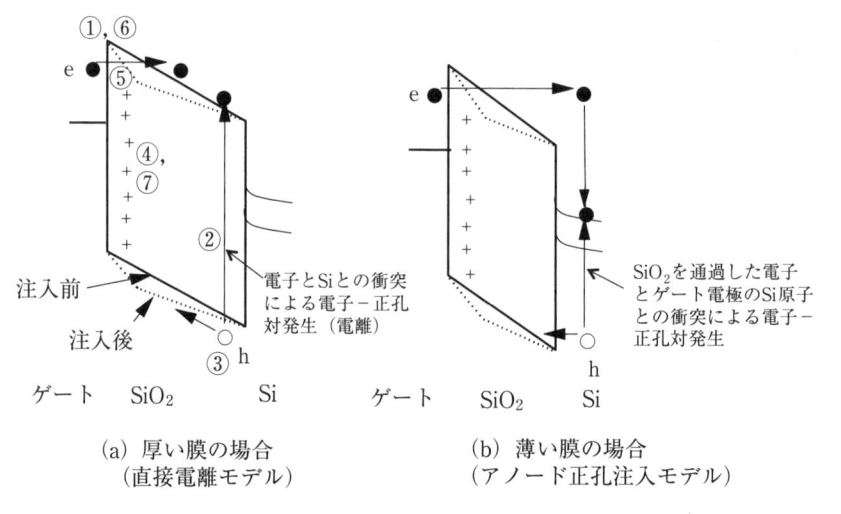

図 2.3　正孔注入モデル(1/E モデル)[7][8]

2.3 TDDB(経時的絶縁破壊故障)

$$T_{BD} = \infty \frac{Q_h(\text{正孔捕獲量})}{J_e(\text{FN電流}) \, G_h(\text{正孔発生割合})} \propto \exp(-A/E_{ox}) \quad (2.3)$$

ここで

$J_e \propto \exp(-B/E_{ox})$ (FN電流)

$G_h \propto \exp(-H/E_{ox})$ (正孔発生割合)

であり,A,B,Hは定数である.ここで,FNトンネル電流は,理論的に $\exp(-定数/E_{ox})$ 形式で表される.正孔発生割合は,電子とSi原子との衝突による電子−正孔対発生係数(イオン化係数)に比例し,イオン化係数も $\exp(-定数/E_{ox})$ の依存性がある.すなわち,$T_{BD} = \infty \exp(-A/E_{ox})$ と近似され,故障時間が $\exp(-A/E_{ox})$ に比例する 1/E モデルが導かれる.

EモデルとI/Eモデルの違いは,図2.4に例を示すように,低電界強度への外挿時に実使用電界強度での寿命推定に大きな差となって現れる[9].8〜12 MV/cm の高電界強度での狭い領域の実験データでは,両モデルのどちらにもフィットし,この領域ではどのモデルを採用しても大差ない.しかし,低電界

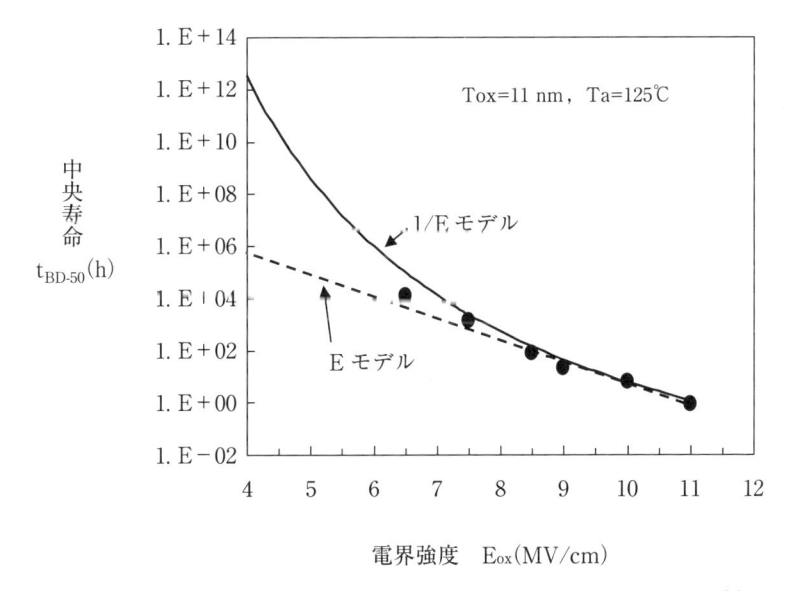

図2.4 Eモデルと1/Eモデルにおける低電圧への外挿曲線の違い[9]

強度領域への外挿では，どのモデルを採用するかにより寿命予測に大きな差が生じる．実際には，5 MV/cm 以下の低電界強度の寿命試験データが E モデルによくフィットするという実験結果が報告され，高電界強度では 1/E モデルとなり低電界強度では E モデルとなる複合モデルも提案されている[10]．

(3) 電子トラップ発生モデル(V_G モデル)

上記 E モデルまたは 1/E モデルは，膜厚によらず，電界により寿命が決定されるというモデルである．これは，比較的膜厚が厚い(>5nm)場合は，良い近似であった．ところが，5nm より薄くなると，電界よりは，直接印加電圧で寿命が決まるようになることが明らかになってきた．これを説明するモデルとして，電子トラップモデルが提案された．電子注入により，酸化膜内に電子トラップが発生し，その電子トラップ量が臨界量を超えると降伏に至るというモデルである[11]．極薄ゲート酸化膜領域では，電子はバリステック伝導状態となり，TDDB に影響する電子トラップ発生に寄与する酸化膜内の電子エネルギーは直接印加電圧により決まるので，TDDB は，電界よりは，直接印加電圧に依存し，$T_{BD} = \infty \exp(-AV_G)$ がなり立つ．さらに，最近の実験結果では，広範囲のゲート電圧領域では，$T_{BD} \propto V_G^{-n}$（n：定数）のべき乗則がなり立つことが明らかになり[12]，このモデルが支持されている．

電子トラップモデルでは，Q_{BD} または T_{BD} は以下のように表される[13]．

$$Q_{BD} = \frac{qN_{BD}}{P_g}$$

$$T_{BD} = \frac{Q_{BD}}{J_g}$$

(2.4)

ここで，N_{DB} は，降伏にいたる臨界電子トラップ密度，P_g はストレス印加条件での電子トラップ発生率(単位電子注入量当たりのトラップ生成量)，J_g はゲート電流である．臨界トラップ密度 N_{BD} は，同じ膜厚の場合，ゲート電圧によらずほぼ一定の値となることが実験的に明らかにされている．ただし，膜厚によって N_{BD} の値が大きく異なり，膜厚が薄くなると N_{BD} は小さくなる．

一方，P_g に関しては，直接ゲート電圧と関係し，$P_g \propto \exp(\alpha V_G)$ の関係がなり立つことが実験的に明らかにされた．すなわち，この電子トラップモデルでは，$T_{BD} \propto \exp(-\alpha V_G)$ の関係式が予測される．最近のべき乗モデルでは，低電圧領域(2～3 V)では $P_g \propto \exp(\alpha V_G)$ からずれ，P_g がより低くなることが実験的に確かめられ，この低電圧のずれにより，べき乗プロットがより実験結果に則した結果になると解釈されている[12]．

以上のモデルをより直感的にしたモデルが**パーコレーションモデル**である．これは，電子トラップ(欠陥)をある大きさを持つと仮定し，それらが重なりあい，電極間で繋がりができた時に電流が流れると考えるモデルである．欠陥の大きさ(直径)は 0.8nm～3nm[13]～[16] と見積もられている．すなわち，図 2.5 に模式図を示すように，ストレス印加により電子トラップの発生が増大すると，トラップの重なる確率が増え，電流パスが形成され，電流が流れるようになる．トラップの繋がり具合により，電流の大きさ(コンダクタンス)が異なり，SBD になったり，HBD になったりする．なお，パーコレーションとは浸透と

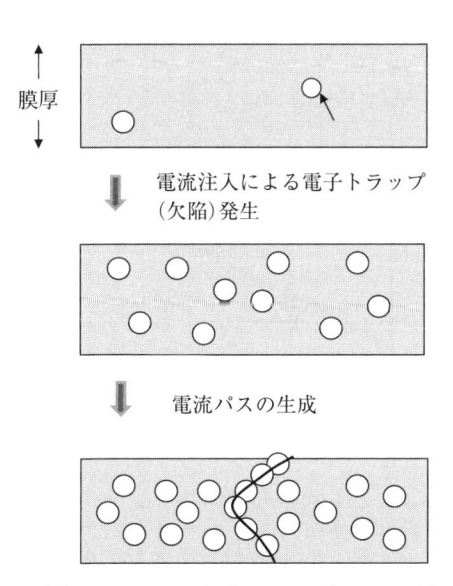

図 2.5　TDDB のパーコレーションモデル

いう意味で，パーコレーションモデルは物理の基本的モデルとして広く用いられている．欠陥（電子トラップ）が酸化膜内に浸透し，電流パスを形成するため，ここでも有効なモデルとして働いている．

2.3.4 極薄ゲート酸化膜の TDDB の特徴

極薄ゲート酸化膜（2〜3 nm）の TDDB の特徴は，故障が空間的，時間的にランダムに発生しやすくなることである[16]．故障がランダムに発生しやすくなることは，パーコレーションモデルでも示される．電子注入による電子トラップ発生は，ランダムに起こる．電子トラップの大きさは，上述のように 0.8〜3nm と推定されており，2〜3nm の極薄ゲート酸化膜では，トラップ 1〜2 個発生で，TDDB 故障に結びつく．すなわち，TDDB 故障はランダム故障にちかづき，ワイブル分布の傾きパラメータ β が 1（偶発故障モード）に近づく．この傾向は実験的にも，パーコレーションモデルでも予測され，図 2.6 にそのシミュレーション結果を示す[17]．ここで，a_0 は電子トラップの大きさ，

$$\beta = (t_{ox} + t_{int})/a_0$$

$a_0 = 1.83$ nm
$t_{int} = 0.37$ nm

縦軸：ワイブル分布の形状パラメータ（β）
横軸：ゲート酸化膜厚（t_{ox}(nm)）

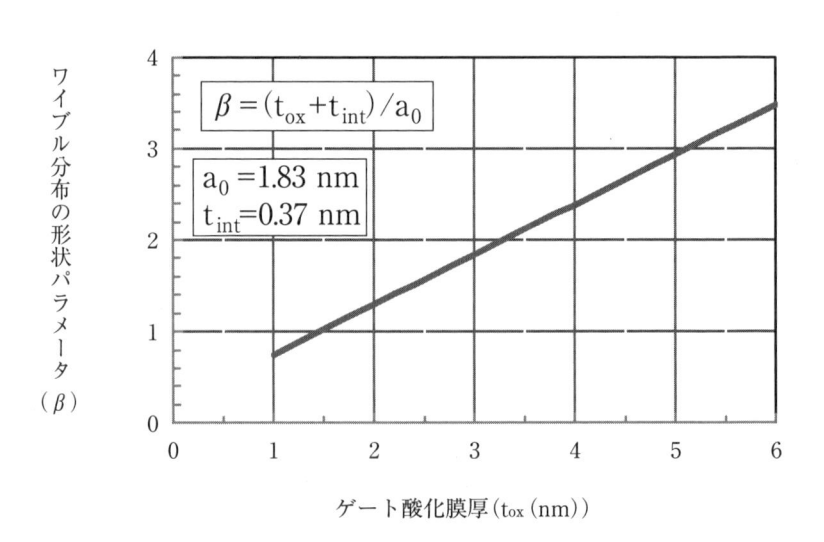

図 2.6 TDDB のワイブルプロットの形状パラメータ（β）の膜厚依存性のパーコレーションモデルによるシミュレーション結果[17]

2.4 NBTI（負バイアス・温度不安定性）

t_{int} は両電極界面の等価酸化膜厚に相当し，実験結果にフィッティングさせるためのパラメータである．このシミュレーション結果は，実験結果とも良く一致している．このように，極薄ゲート酸化膜では，偶発故障モードにちかづき，真性故障モードと初期故障モードの区別が困難となり，従来のスクリーニング技法が適用できなくなることを示唆している．

2.4.1 NBTI の歴史

負ゲート電圧を印加し温度を上げた状態で，Si-SiO$_2$ 界面近傍に正電荷と界面準位が生成する現象は，1960 年代の MOS 技術開発当初から知られていた．この劣化現象は，図 2.7 に示すように，pMOS のしきい値電圧（V_T）の負方向の変動をもたらす．この現象は**スロートラッピング不安定性**(Slow Trapping

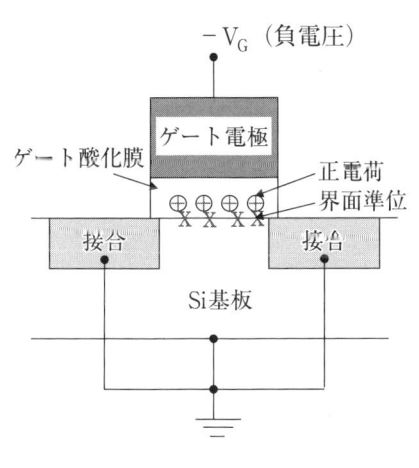

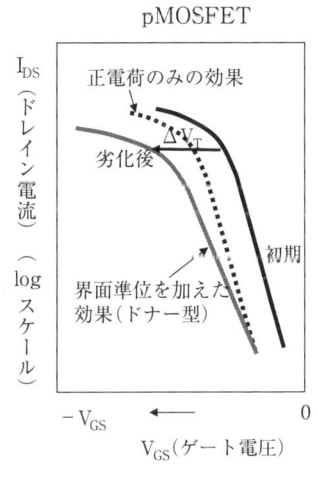

(a) 電荷発生状況　　　(b) pMOSのI-V特性変動

図 2.7　NBTI による電荷発生と pMOS の I-V 特性変動の模式図

Instability)，または負バイアス温度不安定性(**NBTI**)と呼ばれていた[18][19].
NBTI は2000年頃から再び注目され始めたが，呼称として NBTI に統一されている.

NBTI は，最近の微細化デバイスで最も重要な故障モードの1つである．これは，NBTI は非常に短時間の電圧印加で劣化が起こること，最近の微細化デバイスでは，ゲート酸化膜に印加される電界強度が $5 \sim 6 \mathrm{MV/cm}$ と高電界強度での使用となり劣化が加速されること，また，V_T の低下と電源電圧の低下により，V_T 変動の許容マージンが低下していることなどによる.

2.4.2　NBTI 劣化現象

NBTI 劣化現象における新しい発見は，V_T 変動がバイアス印加後非常に早い時間で起こる(μ 秒レベル)ことと，バイアス切断後に早い時間で回復することである[20][22]．ただし，これまで知られていた V_T 変動成分もあり，これは**遅い変動成分**として，**早い変動成分**と区別される．図2.8に，ストレス切断後，高速(50 μ 秒)で測定した場合と従来の DC 測定(ストレス切断後 DC 測定)の場合の V_T 変動例を示す[21]．高速測定の方が，V_T 変動がかなり大きく，また，バイアス切断後に急速に回復する．これは，NBTI 劣化として，早い V_T 変動

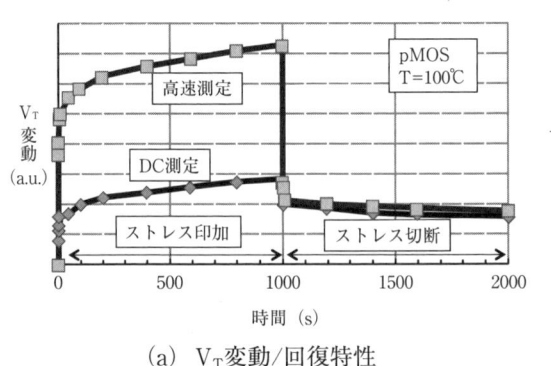

(a) V_T 変動/回復特性

(b) 高速測定の概念図
パルス立ち下がり時に
I-V 特性測定

図 2.8　NBTI による V_T 変動と回復の高速測定と DC 測定による違い[21]

2.4 NBTI（負バイアス・温度不安定性）

と回復現象があることを示しており，従来のDC測定では見過ごされていた現象である．また，バイアス切断後の1000秒のアニール後でも完全に初期のV_Tには戻らず，残存しているV_T変動がある．これが従来評価されていたV_T変動で，遅い変動成分として区別される．なお，高速測定は，ゲート電圧パルスの立ち下がりまたは立ち上がりのスロープを利用してI-V特性を測定する高速I-V法である[21]．すなわち，ドレーン電極に低い電圧(例：V_D=100 mV)を印加し，電圧スロープでのV_G－V_Dを測定する．この際，ドレーンに接続したロード抵抗によるV_D電圧変化をドレーン電流に変換する．その他の高速測定方法として，オンザフライ(on-the-fly)法が開発されている[23]．この方法は，測定時にゲートに印加したストレス電圧を微小量だけ変化させ，その際のドレーン電流変化からV_T変動に換算するもので，測定時にもストレス電圧をそのまま維持する方法である．

V_T変動の時間依存性は，$\Delta V_T \propto t^n$とべき乗で近似され，その傾きnは1/4と報告されていた[24][25]．しかし，最近の高速測定により，時間依存性はより緩やかとなり，傾きnは1/6(報告者により値がばらつく)になることが明らかになってきた[26]．nが1/4程度の値は，バイアス切断後のV_T回復した後のV_T変動の時間依存性を示しており，nが1/6程度の値はV_T回復前のV_T変動の時間依存性を示していると解釈されている．

2.4.3　故障メカニズム，故障モデル

従来より広く受け入れられているNBTI劣化モデルは，**反応－拡散(Reaction-Diffusion(R-D))モデル**による界面準位の生成である[24][26]．図2.9にモデル図を示すように，Si-SiO$_2$界面に存在するSi≡Si-Hの水素(H)が，ゲートに加えた負の電圧ストレスにより解離(反応)して界面準位が生成される．解離したHはH$_2$となって酸化膜中に拡散する．解離の速度は，初期はSiHのボンドの切断の反応律速であるが，ある程度の解離が進むと界面のH濃度が高くなっていき，解離は界面から酸化膜内部へのHの拡散律速となるので，反応－拡散モデルといわれる．このモデルに基づくモデル計算により拡散の時

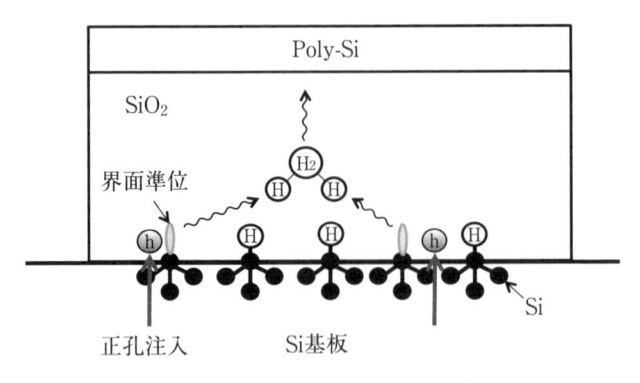

図 2.9 反応−拡散モデルによる界面準位生成モデル

間依存性は $t^{1/6}$ となり，実験結果の $\Delta V_T \propto t^{1/6}$ が説明できる[26]．Si-H の切断のメカニズムとしては，負バイアス時に基板から Si-SiO$_2$ 界面に注入される正孔が Si-H 結合の解離を促進すると考えられている．

$$Si \equiv Si\text{-}H + h^+ \rightarrow Si \equiv Si\bullet^+ + H \tag{2.5}$$

しかし，このモデルでは，最近発見された μ 秒レベルの早い変動と回復現象が十分説明できない．そこで，最新モデルとして，Si 基板から注入された正孔の，Si-SiO$_2$ 界面近傍に存在する正孔トラップセンター（SiO$_2$ 膜内の Si-O-Si 結合で，O が無い欠陥（O 空位欠陥）で E' センターとして知られている）への捕獲と放出が関係するモデルが提案されている[27]．

2.4.4 回復特性と AC 効果

2.4.2 項で解説したように，NBTI による V_T 変動には，早い成分と遅い成分があることが明らかになった．**早い V_T 回復特性**には，ストレス切断後の V_T 回復量（ΔV_T）と，ストレス印加時間（t_S）とストレス切断後の測定時間（t_M）（アニール時間に対応）の比（$\xi = t_M/t_S$）との関係に一義的な関係があることがわかってきた[22]．その関係を実験的に求めることにより，早い成分，遅い成分，AC 動作における V_T 変動の予測などができる．

測定は，図 2.10 に示すように，ストレスバイアスをある時間印加後にバイ

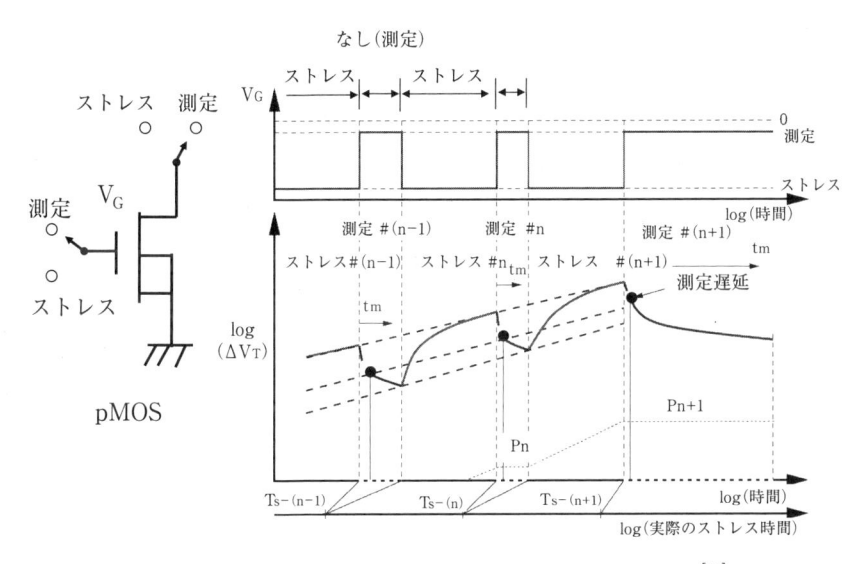

図 2.10 測定－ストレス－測定方法と V_T 変動の概念図[22]

アスを切断し，その後の V_T 回復特性をリニア領域の V_T 測定を行い評価する．ストレス印加－切断－ V_T 測定の操作を繰り返す．その結果，図 2.11(a) に示すようなストレス印加時間毎の V_T 回復曲線が得られる．図 2.11(a) の V_T 回復特性において，長時間アニールしても完全には回復しておらず，残存成分すなわち恒久的な V_T 変動成分があると見なされる[22]．この恒久的な V_T 変動成分を差し引いた V_T 回復成分について，横軸を $\xi = t_M/t_S$ (t_M：測定時間，t_S：ストレス印加時間)とし，縦軸を規格化した V_T 回復割合(1 − V_T 回復量 / アニール無し V_T 変動量)とすると，図 2.11(b) に示すように，1 つの曲線で近似できる．この近似曲線は，以下の式で表される．

$$r(t_M/t_S) = r(\xi) = (1 + B\xi^{\beta})^{-1} \tag{2.6}$$

ここで，r は規格化した V_T 回復割合で，B と β は定数である．B と β はプロセス条件により変化するが，B は 0.3 ～ 3，β は 0.15 ～ 0.2 とするとよく現象を再現できると報告されている．

この曲線を用いて，時間 → 0 の外挿点より全 V_T 変動量(恒久的成分と回復

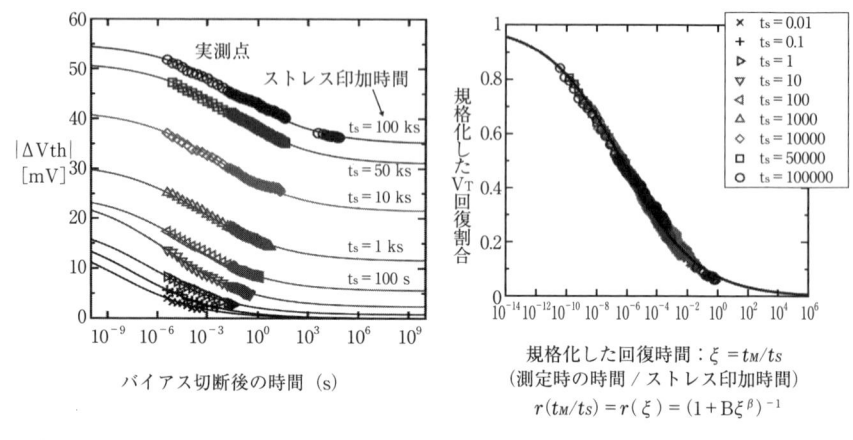

(a) V_T 回復特性のストレス印加時間依存性

(b) V_T 回復特性のストレス印加時間依存性

規格化した回復時間：$\xi = t_M/t_S$
（測定時の時間 / ストレス印加時間）
$r(t_M/t_S) = r(\xi) = (1+B\xi^\beta)^{-1}$

図 2.11　V_T 回復特性の特性曲線[22]

成分の合計）を求め，時間→∞の外挿点を恒久的な変動（P（Permanent）と略記）とし，全 V_T 変動量から恒久的変動量を差し引くことにより，回復成分（R（Recover）と略記）を求めことができる．このようにして求めた各成分とストレス時間との関係を図 2.12 に示す．なお，この図で，S_M のプロットは，各ストレス切断後の V_T 変動の実測値であるが，測定時間によって変化するので，これを一点鎖線の棒で示し，○はストレス切断後の最初の測定値としてプロットしている．

この例では，早い成分は，ストレス印加後 m 秒レベルでほぼ飽和し，長時間経過後は，恒久的成分のみが増加する傾向である．ここで，バイアス切断後に短時間で回復する成分が早い V_T 変動成分であり，回復しない恒久的成分が遅い V_T 変動成分に対応する．2.4.2 項の劣化メカニズムの最新モデルに従えば，早い回復成分は，正孔の捕獲・放出に関連し，遅い成分は，アニールされにくい NBTI で発生した界面準位に関連すると考えられる．

早い変動と回復現象があることは，回路の AC 動作に影響すると推察される．ユニポーラパルスのデューティ比と V_T 変動量の関係では，早い回復現

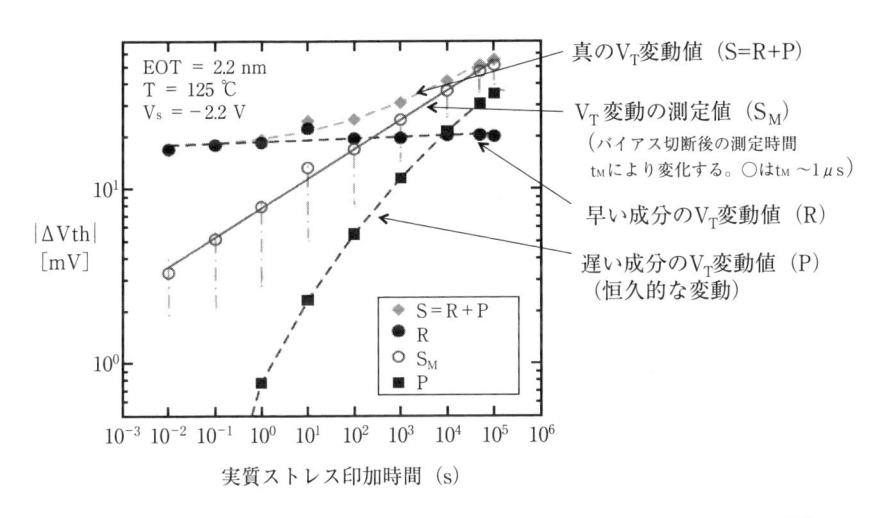

図 2.12　NBTI による V_T 変動の早い成分と遅い成分(恒久的成分)の分離[22]

象の影響で，デューティ比が DC（100%）より少し小さくなるだけで，急激に変動量が減少する．一方，デューティ比が大きいほど変動量が大きくなるが，デューティ比依存性は小さい．例としてデューティ比 50% の場合の V_T 変動は，DC の場合変動量に比べ約 30% の変動量と推定され，実験結果とも一致する[22]．

2.5
HCI（ホットキャリア不安定性）

2.5.1　HCI 問題のはじまり

　ホットキャリアによる特性劣化は，チャネル中を走行するキャリアがドレーン近傍の高電界により加速され，Si 基板と電離衝突を起こし電子-正孔対が発生し，その発生したキャリアがゲート酸化膜中に注入され，図 2.13 に示すような MOSFET の特性変動（V_T 変動，g_m 劣化，I_D 劣化）が起こる現象であ

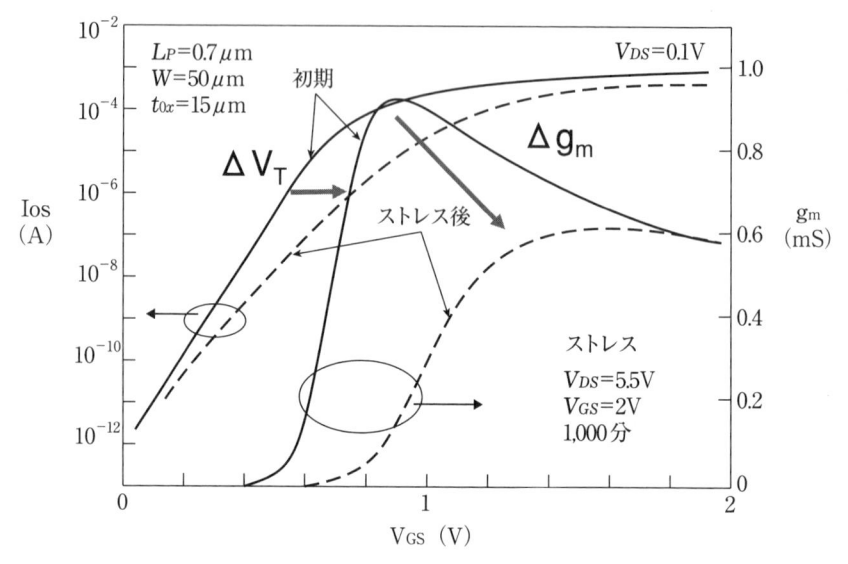

図 2.13 HCI による nMOS の I-V 特性変動の例

る[28][30]. 微細化にともなうドレーン近傍の電界強度の増加とともに，1980 年代に大きな問題となった．この劣化現象の名称として，従来は**ホットキャリア効果**（Hot Carrier Effect）と呼ばれていたが，最近は**ホットキャリア不安定性**（Hot Carrier Instability，HCI）と呼ばれることが多くなっている．

2.5.2 HCI 劣化現象

ホットキャリア不安定性は pMOS よりは nMOS で問題となる．これは，nMOS の場合のチャネルを走行する電子の Si 原子との電離衝突による電子・正孔対発生効率は，pMOS の場合のチャネルを走行する正孔の電離衝突による電子・正孔対発生効率に比べ著しく高いので，ホットキャリアの発生効率は nMOS の方が pMOS に比べ非常に高いこと，電子の SiO_2 へ注入される際の電位障壁（約 3.2eV）が正孔の電子障壁（約 4.7eV）に比べ低く，電子が正孔に比べ注入されやすいためである．また，ゲート電圧とドレーン電圧の印加状態でキャリア注入の様子が異なる．図 2.14 に示すように，ゲート電極とドレー

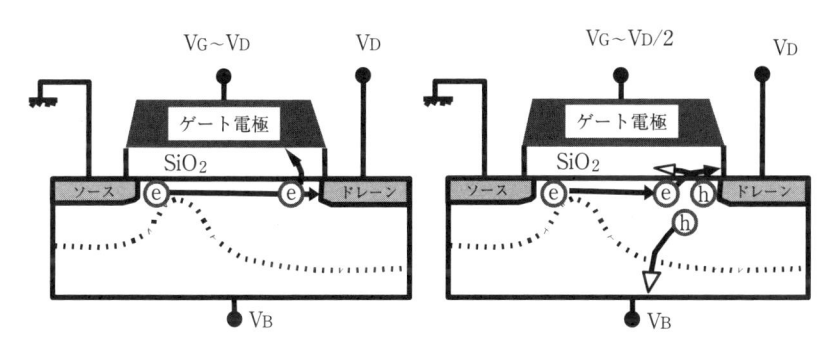

(a) チャネルホットエレクトロン注入　　(b) ドレーンアバランシェホットキャリア注入

図 2.14　nMOS のホットキャリア不安定性(HCI)メカニズム

ン電極とほぼ同じ電圧の $V_G \sim V_D$ 領域では，電界の向きから，チャネル領域で加速された電子が酸化膜に注入されやすい条件となる．この状態は，**チャネルホットエレクトロン注入**と呼ばれる．一方，基板電流最大となる条件($V_G \sim V_D/2$)，すなわちホットキャリア発生最大となる条件では，ドレーン近傍でアバランシェ降伏が起きるので，**ドレーンアバランシェキャリア注入**と呼ばれる．この電圧条件では，電界の向きから電子と正孔が同時に注入されやすく，界面準位が発生し，特性劣化が最大となる[20][21]．

　HCI 対策として，ドレーン近傍の電界強度を緩和する **LDD**(Lightly Doped Drain)構造が開発され導入された[31]．この構造は，図 2.15 に模式図を示すように，n^+ 接合の内側に濃度の薄い n^- 層をイオン注入で形成し，ドレーン近傍の電界強度を緩和し，ホットキャリア発生を抑制する構造である．この構造とその最適化により，HCI 問題は解決された．最近の微細化デバイスでは，pMOS は，表面チャネル構造になり HCI による劣化が起きやすくなるので，nMOS とともに LDD 構造は必須になっている．

2.5.3　ホットキャリア劣化モデル

　nMOS のホットキャリア劣化モデルは，**ラッキーエレクトロンモデル**を基

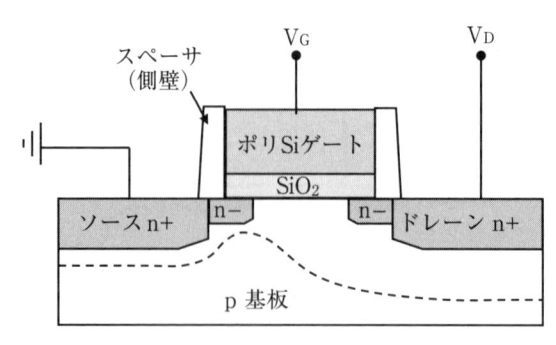

図 2.15　HCI 耐性強化の LDD 構造[31]

本においている[32]．そのモデルは，ドレーン空乏層内で電界により加速された電子が電離衝突を起こし発生した電子の内で，空乏層内で格子と衝突しないラッキーな電子のみがエネルギー損失がないので高エネルギーを得て，酸化膜に注入されるというモデルである．

このモデルでは以下の仮定を行っている．①一定電界，②電界のみからエネルギーを得る．エネルギー損失過程は格子散乱である．③電子と格子の散乱は平均自由工程 λ で表す．

以上の仮定に基づくと，電子がチャネル内の一定電界強度 ε の中で加速されエネルギー E に達するに要する距離を d とすると，$d = E/q\varepsilon$ となるが，その距離 d を衝突なしに移動できる確率は $\exp(-d/\lambda) = \exp(-E/q\lambda\varepsilon)$ となる．従って，電子のエネルギーが電離衝突を起こすに要するエネルギー ϕ_i（約 1.3eV）まで加速される電子の確率は $\exp(\phi_i/q\lambda\varepsilon)$ と近似でき，電離衝突で発生したキャリアは基板電流として観測されるので，基板電流は

$$I_{sub} = C_1 I_d \exp(-\phi_i/q\lambda\varepsilon) \tag{2.10}$$

と表される．ここで，C_1 は定数，I_d はドレーン電流である．

特性劣化の主要因は，前述のように Si-SiO$_2$ 界面の界面準位の発生である．界面準位は電子の注入により発生すると仮定し（正孔の影響は考えない），発生に要する電子のエネルギーを ϕ_{it}（約 3.7eV）とすると，ϕ_{it} のエネルギーを持つ電子の存在確率は $\exp(-\phi_{it}/q\lambda\varepsilon)$ となるので，界面準位発生（ΔN_{it}）は以下の

ように表される.

$$\Delta N_{it} = C_2 \left[t \frac{I_d}{W} \exp(-\phi_{it}/q\lambda\varepsilon) \right]^n \tag{2.11}$$

ここで，C_2 と n は定数，t は時間，W はチャネル幅である．界面準位がある量に達したら寿命(τ)に至ると仮定すると，上式は以下のように表される．

$$\tau = C_3 \frac{W}{I_d} \exp(\phi_{it}/q\lambda\varepsilon) \tag{2.12}$$

ここで，C_3 は，C_2, n, ΔN_{it} を含んだ係数である．ϕ_{it} の値は，3.7eV と設定されているが，これは電子が Si-SiO$_2$ 障壁を超えるに要するエネルギー(3.2eV)と注入電子による界面損傷を引起すエネルギー（~ 0.5eV(Si-SiO$_2$ 界面の Si-H 結合の破壊に要するエネルギー)）の和と解釈されている．

さらに，τ, I_{sub}, I_d の関係は，式(2.10), 式(2.12)より，以下のように表される．

$$\frac{\tau I_d}{W} = C \left(\frac{I_{sub}}{I_d} \right)^{-m}, \quad m = \phi_{it}/\phi_i \tag{2.13}$$

ここで，τ はある界面準位発生量に達する時間であるが，一般化して界面準位により引起される特性劣化の V_T 変動や g_m 劣化を代表する寿命に置き換えられる．C は定数である．また，上述の値から $m = \phi_{it}/\phi_i = 2.9$ と推定される．実験的には，m は 2.5 ～ 3 の間に入る．また，式(2.13)は $\tau \propto (I_{sub})^{-m}$ と近似されるので，実験的には τ と I_{sub} の関係のプロットが良く用いられる．

2.5.4 ディープサブミクロン MOSFET の HCI ●●●●●●●●●●●●●

微細化が進んだディープサブミコロン MOSFET では，電源電圧が 3V 以下になるので，全体として HCI による劣化量は減少する．ただし，実験事実としてドレーン電圧が 1.5V 程度になっても，HCI は起こる．上述のラッキーエレクトロンモデルでは，電子注入が起こるには電子の持つエネルギーが 3V 以上の高エネルギーが必要であるので，3V 以下の低電圧における HCI は，ラッキーエレクトロンモデルでは説明できない．

そこで，新たなモデルとして，**電子－電子散乱モデル**(E-E 散乱モデル，Electron-Electron scattering)が提案された[33]．このモデルは，ドレーン空乏層内で，電子と電子との衝突(クーロン散乱)による 2 つの電子間でエネルギーの移動が起こり，最大で $2qV_D$ のエネルギーを持つ電子の存在する確率がある．すなわち，2V 程度の低い電圧でも 4V 程度のエネルギーを持つ電子の確率があり，この電子が HCI に寄与すると考えられている．

ディープサブミクロン nMOS の場合の劣化の特徴として，劣化最大となるバアイス条件が，従来の基板電流最大条件($V_G \sim V_D/2$)から，$V_D \sim V_G$ 条件に移行することが挙げられる[34]．その原因として，従来の基板電流最大となるバアイス条件 $V_G \sim V_D/2$ と $V_G \sim V_D$ 条件での基板電流の差が少なくなること，ホットキャリアの発生位置で，$V_G \sim V_D$ 条件の方が，$V_G \sim V_D/2$ の条件に比べ酸化膜界面近傍でのキャリア発生が多くなり，それだけ，酸化膜へキャリア注入が起きやすくなることが考えられている[34]．

また，最新の SoC(System on Chip)技術では，コア系と I/O 系やアナログ系で異なる構造と電源を有する MOSFET を同一チップに集積化する．これらの SoC 構造では，同一基板を用い同一プロセスで製造するので，高電源で動作する I/O 系やアナログ系の MOSFET の接合が浅くなり，従来の設計に比べホットキャリア耐性が低下する傾向にありトランジスタ構造の最適化が課題となっている

2.6
高誘電率ゲート絶縁膜(high-k 膜)の PBTI

2.6.1　デバイス構造の変革と PBTI

比例縮小則によるゲート酸化膜の薄層化(最先端デバイスでは膜厚が 2～3nm 程度で，数原子層の膜厚)は限界に近づいており，SiO_2 に替わる high-k 絶縁膜(HfO_2 系膜($k \sim 20$)が主流)が研究され，**high-k/メタルゲート技術**が開

2.6 高誘電率ゲート絶縁膜（high-k膜）のPBTI

発・商用化されている．このデバイス構造は，40年来続いてきたSiO_2/ポリSiゲート構造の変更で，LSI技術としては大きな変革である．

high-k絶縁膜の開発段階で，膜中に多量の電子トラップセンターが存在することが明らかになり，新たな問題として，正バイアス印加状態でSi基板から注入された電子がhigh-k膜内の電子トラップに捕獲され負電荷が発生し，正のV_T変動が生じる現象，いわゆるnMOSの**PBTI問題**があることが明らかになった[35]．

2.6.2 PBTI劣化現象と対策

high-k膜中に，多量の電子トラップが存在することは，電荷注入実験より確かめられた．電荷注入実験は，図2.16に示すように，nMOSFETのドレーン，ソース，基板を共通としゲートに正電圧パルスを印加し，ある規定の時間経過毎にnMOSFETのI-V特性変動をモニターする．さらにストレス印加時に流れるゲート電流を積分し，注入電荷量を求める．I-V特性変動量（V_T変動

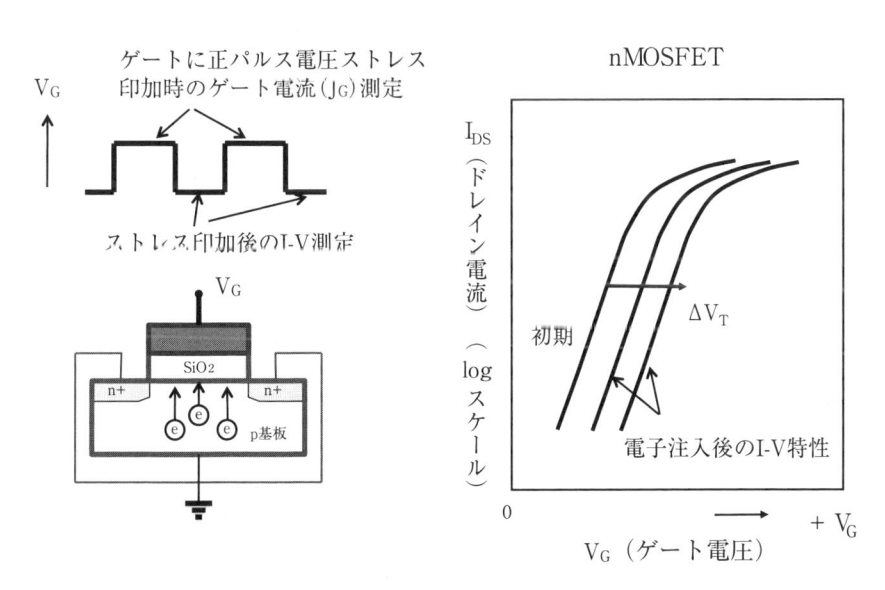

図2.16　トンネル電子注入によるHfO_2膜の電子トラップ評価

量)と膜厚から電荷トラップ密度が求められるので，ストレス印加による注入電荷量と電荷トラップ密度の関係が求められる．電子トラップ特性は，トラップ確率(単位注入量($1C/cm^2$)当たりのトラップ確率)とトラップ密度(トラップされる量)で表される．high-k 膜のトラップ確率は，$10^{-6} \sim 10^{-4}$ であり，SiO_2 の $10^{-14} \sim 10^{-12}$ に比べ非常に大きく，トラップ密度も $10^{12} \sim 10^{13} cm^{-2}$ であり，SiO_2 の $10^{10} \sim 10^{11} cm^{-2}$ に比べ非常に大きい[35]．

このように，high-k 膜には，多量の電子トラップセンターがあり，電子捕獲確率も非常に高いことが明らかになった．図 2.17 には，ゲート電圧ストレス印加(1秒)後の正の V_T 変動量のストレス電圧依存性を，high-k 膜と SiO_2 膜を比較して示す[36]．この図では，HfO_2 膜の場合は，短時間・低電圧印加でも，V_T 変動が起こり，一方，従来の SiO_2 膜の場合は，9MV/cm 以上の相当高い電圧を印加しないと V_T 変動は起こらないことを示している．

HfO_2 膜の電子トラップの特性として，容易に電子を捕獲・放出することが

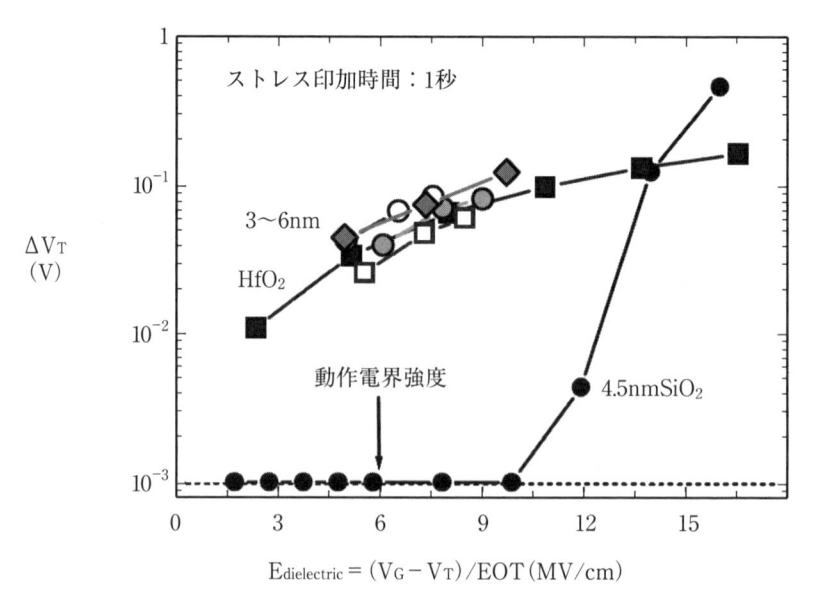

図 2.17　正ストレス電界強度と V_T 変動の関係の high-k 膜と SiO_2 膜の比較[36]

実験的に確かめられ，電子トラップが非常に浅いレベルであることが示唆される。HfO_2 膜の電子トラップは，HfO_2 膜の酸素空孔(oxygen vacancy)と関係していると考えられている。実験的には，HfO_2 膜の分光エリプソメトリ法による吸収スペクトルで，HfO_2 膜のバンドギャップ内で，伝導帯下約1.2eV付近の酸素空孔のエネルギーレベルが観測された[37]。

PBTIを軽減するためには，電子トラップ密度の低減，すなわち酸素空孔の発生を抑制することである。酸素空孔は，HfO_2 とSiが接触すると発生すると考えられている。酸素は HfO_2 内では，Hf-O結合は強固であるが，Siと接触すると電子移動が起こり，HfO_2 膜内に酸素空孔を生成する方が安定になると説明されている[38]。対策は，ポリSi-HfO_2 の界面のないメタルゲートにすること，HfO_2 膜内組成をHf-Si-OやHf-Si-O-Nにし，膜内のO-Si結合を増やし，酸素空孔を生成しやすいHf-O結合比率を減らすことである。HfO_2 膜内へのSやNの添加などで，PBTIは軽減できることが明らかになってきた[39][40]。

第2章の参考文献

[1] B. E. Deal, "A Scientist's Perspective on the Early Days of MOS Technology," *J. Electrochem. Soc., interface*, Fall 2007.

[2] E. H. Snow, "Ion Transport Phenomena in Insulating Films," *J. Appl. Phys.* 36(5), pp. 1664-1673, 1965.

[3] D. Crook, "Method of Determining Reliability Screens for Time Dependent Dielectric Breakdown," *IRPS Proc.*, pp. 1-7, 1979.

[4] E. Anolick and G. Nelson, "Low Field Time Dependent Dielectric Integrity," *IRPS Proc.*, pp. 8-12, 1979.

[5] E. Miranda, *et al.*, "Soft Breakdown Conduction in Ultrathin (3-5 nm) Gate Dielectrics," *IEEE Trans. Electron Devices.*, ED-47, pp.82-89, 2000.

[6] J. W. McPherson and H. C. Mogul, "Underlying physics of the thermochemical E model in describing low-field time-dependent breakdown in SiO_2 thin films," *J. Appl. Phys.*, vol. 84, pp.1513-1523, 1998.

[7] I. C. Chen, S. Holland, and C. Hu, "Electrical Breakdown in Thin Gate and Tunneling Oxides," *IEEE Trans. Electron Devices.*, ED-32, pp.413-422, 1985.

[8] K. F. Schuegraf and C. Hu, "Hole Injection SiO_2 Breakdown Model for Very

Low Voltage Lifetime Extrapolation," *IEEE Trans. Electron Devices.*, ED-41, pp.761-767, 1994.

[9] N. Shiono and M. Itsumi, "A lifetime projection method using series model and acceleration factors for TDDB failures of thin gate oxides," *IRPS Proc.*, pp.1-6, 1993.

[10] M. A. Alam, et al., "Field Acceleration for Oxide Breakdown—Can A Accurate Anode Hole Injection Model Resolve the E vs. 1/E Controversy?" *IRPS Proc.*, pp.21-26, 2000.

[11] D. J. Dimaria et al., "Impact Ionization, Trap Creation, Degradation, and Breakdown in Silicon Dioxide Films on Silicon," *J. Appl. Phys.* 73, pp.3367-3384, 1993.

[12] E. Wu, et al., "New Global Insight in Ultrathin Oxide Reliability Using Accurate Experimental Methodology and Comprehensive Database", *IEEE Trans. Devices and Materials Rel.* 1, pp.69-80, 2001.

[13] J. H. Stathis, "Physical and Predictive Models of Ultra Thin Oxide Reliability in CMOS Devices and Circuits," *IRPS Proc.*, p.132-149, 2001.

[14] M. A. Alam, et al., "A Study of Soft and Hard Breakdown—Part I: Analysis of Statistical Percolation Conductance," *IEEE Trans. Electron Devices.*, ED-49, pp.232-238, 2002.

[15] R. Degraeve, et al., "New insights in the Relation Between Electron Trap Generation and the Statistical Properties of Oxide Breakdown," *IEEE Trans. Electron Devices.*, ED-45, pp.904-911, 1998.

[16] A. Alam, et al., "Statistically Independent Soft Breakdown Redefine Oxide Reliability Specifications," *IEDM Tech. Digest*, pp.151-154, 2002.

[17] E. Wu, et al. "On the Weibull shape factor of intrinsic breakdown of dielectric films and its accurate experimental determination. Part II: experimental results and the effects of stress conditions", *IEEE Trans. Electron Devices.*, ED-49, pp.2141-2150, 2002.

[18] Y. Miura and Y. Matukura, "Investigation of Silicon-Silicon Dioxide Interface Using MOS Structure," *Jpn. J. Appl. Phys.*, 5, pp. 180-180, 1966.

[19] B. E. Deal, et al., "Characteristics of the Surface State Charge (Qss) of Thermally Oxidized Silicon," *J. Electrochem. Soc.*, 114, pp.266-274, 1967.

[20] G. Chen, et al., "Dynamic NBTI of PMOS transistors and its Impact on MOSFET lifeline," *IRPS Proc.*, pp.196-202, 2003.

[21] C. Shen, et al., "Negative U Traps in HfO$_2$ Gate Dielectrics and Frequency Dependence of Dynamic BTI in MOSFETs," *IEDM Tech. Digest*, pp.733-736, 2004.

[22] T. Grasser, et al., "Simultaneous Extraction of Recoverable and Permanent Components Contributing to Bias-Temperature Instability," *IEDM Tech. Digest*, pp.801-804, 2007.

[23] M. Denais, et al., "Characterization of NBTI in ultra-thin gate oxide PMOSFET's," *IEDM Tech. Digest*, pp.109-112, 2004,

[24] K. O. Jeppson and C. M. Svensson, "Negative Bias Stress of MOS Devices at High Electric Fields and Degradation of MOS Devices," *J. Appl. Phys.*, 48, pp.2004-2014, 1977.

[25] S. Ogawa, et al., "Interface-trap generation at ultrathin SiO$_2$(4-6nm)-Si interfaces during negative-bias temperature aging," *J. Appl. Phys.*, 77, pp.1137-1148, 1995.

[26] A. E. Islam, et al., "Recent Issues in Negative-Bias Temperature Instability: Initial Degradation, Field Dependence of Interface Trap Generation, Hole Trapping Effects, and Relaxation", *IEEE Trans. Electron Devices.*, 54, No.9, pp.2143-2154, 2007.

[27] T. Grasser et al., "A Two-Stage Model for Negative Bias Temperature Instability," *IRPS Proc.*, pp.33-44, 2009.

[28] S. A. Abbas, R. C. Dockerty, "Hot Electron Induced Degradation of N-Channel IGFETs," *IRPS Proc.*, pp.38-41, 1976.

[29] R. B. Fair and R. C. Sun, "Threshold-voltage instability in MOSFET's due to channel hot-hole emission," *IEEE Trans. Electron Devices.*, ED-28, pp. 83-93, 1981.

[30] E. Takeda, et al., "Role of hot-hole injection in hot-carrier effects and the small degraded channel region in MOSFET's," *IEEE Electron Device Lett.*, EDL, 4, pp.329-331, 1983.

[31] S. Ogura, et al., "Design and characteristics of the lightly doped drain-source (LDD) insulated gate field-effect transistor," *IEEE Trans. Electron Devices.*, ED-27, pp.1359-1367, 1980.

[32] C. H. Hu, et al., "Hot-Electron-Induced MOSFET Degradation—Model, Monitor, and Improvement," *IEEE Trans. Electron Devices.*, ED-32, pp.375-385, 1985.

[33] S. E. Rauch Ⅲ, et al., "Role of E-E Scattering in the Enhancement of Channel Hot Carrier Degradation of Deep-Submicron NMOSFETs at High V_{GS} Conditions," *IEEE Trans, Device and Materials Rel.*, 1, pp.113-119, 2001.

[34] E. Li, et al., "Projecting Lifetime of Deep Submicron MOSFETs," *IEEE Trans. Electron Devices.*, ED-48, pp.671-678, 2001.

[35] E. P. Gusev, et. al., "Ultrathin high-K gate stacks for advanced CMOS devices," *IEDM Tech. Digest*, pp.451-454, 2001.

[36] A. Kerber *et.al.*, "Origin of the Threshold Voltage Instability in SiO_2/HfO_2 Dual Layer Gate Dielectrics," *IEEE Electron Device Lett.*, EDL, 24, pp.87-89, 2003.

[37] H. Takeuchi, et al., "Impact of Oxygen Vacancies on High-k Gate Stack Engineering," *IEDM Tech. Digest*, pp.829-832, 2004.

[38] 鳥居 他:「HfO_2 系 high-k ゲート絶縁膜の信頼性劣化機構モデル」,『応用物理』, 74(9), pp.1211-1216, 2005 年.

[39] S. Zafer, *et al.*, "A Comparative Study of NBTI and PBTI (Charge Trapping) in SiO_2/HfO_2 Stacks with FUSI, TiN, Re Gates," *2006 Symp. on VLSI Technology*, pp.23-24, 2006.

[40] A. Shanware, et al., "Characterization and Comparison of the Charge Trapping in HfSiON and HfO_2 Gate Dielectrics," *IEDM Tech. Digest*, pp.939-942, 2003.

第3章

LSI 配線の信頼性

　現在のロジックLSIの配線構造は，10層を超える多層化が進んでいる．これにより，1枚のチップ中に形成される配線の合計長，および層間を結ぶビア総数は増加の一途にある．

　よく知られているように，部品点数の増加は製品の信頼度低下につながる．よって，微細化が進むほど1本の配線，1個のビアに要求される信頼度は高くなる．ところが，寸法縮小は信頼度低下の要因の1つであり，新しい微細加工技術を実用化するには，この信頼度低下の抑制，改善を実現しなければならない．そのため，故障メカニズムの把握と，プロセス・設計上の対策は必須である．

　本章では，エレクトロマイグレーション，ストレスマイグレーション，ならびに近年話題となっている配線層間膜のTDDBについて，基礎的な故障メカニズムを解説する．

3.1
LSIの信頼性における配線の役割

　LSIの発明から今日まで，配線技術の占める役割は常に大きいものである．2000年のノーベル物理学賞は「集積回路の発明」を称えてジャック・キルビーらに送られた．これは，彼がテキサス・インスツルメンツ社にて発明した，半導体回路を1つのチップ上に形成するというアイデアに対するものである．このアイデアに関する特許群は「キルビー特許」と呼ばれ，半導体集積回路の基本特許の1つである．ところが，現在のLSIの構造は，同時期に発明，特許出願されたもう1つの基本特許，フェアチャイルド社のロバート・ノイスらの「プレーナー特許」に近いものが大勢となっている．この2つの特許の差は，配線構造の違いにある．

　キルビーがはじめて集積回路の試作品を作成した際，その有効性を早急に実証するために，個々のコンポーネントを金線を用いて(手で)接続する方法をとった．この方法は，集積回路の概念を実証するには十分であったが，複雑な集積回路を大量生産する技術とは言えなかった．大量のデバイスをチップ上で一度に機能させる，「数の難題」と呼ばれた集積回路の実現のハードルに対する現実的な解ではなかったためである．一方でノイスらは，基板上にプリントされた金属配線というアイデアを提示した．この方法は，チップ上に複雑な集積回路を実現することが可能なうえに，安価で量産性の高い方法であった．この配線技術に関する記述の差によって，最終的な結論としてプレーナー特許に優先権が与えられた．

　現在では，基板にプリントされた金属配線は10層を超える多層構造を有するようになった．加工技術の進化にともなう微細化によって，配線寸法は50nm以下まで縮小した．トランジスタ数が6000万のLSIにおいて，総配線長は数百メートル，配線層間を結ぶビア数にいたっては10億個近くにもなる．この規模の増大によって，LSIの品質・信頼性に対して配線技術が占める寄与もますます大きくなっている[1]．本章では，このLSI配線の信頼性を決める3

つの主要な故障メカニズムについて述べる．

3.2 エレクトロマイグレーション

3.2.1 エレクトロマイグレーション故障とは

エレクトロマイグレーション（**Electromigration**）は，LSI配線に電流を流した際に，配線中の原子が配線内を移動する現象である．この原子移動流束に勾配が生じる場所において，原子空孔が集積して**ボイド**（**Void**）が生じたり，原子が集積して**ヒロック**が生じたりする．これによって生じる配線の断線（抵抗増加）や短絡（リーク電流の増加）が，エレクトロマイグレーションによる故障モードとなる．

図3.1，図3.2は，加速試験によって観測したエレクトロマイグレーション故障の例である．Al（アルミニウム），Cu（銅）配線ともに多層配線の上下層を接続するビア部は，W（タングステン）で形成されていたり，Ta（タンタル）などのバリアメタルで覆われたりするなど，移動度の低い高融点金属でAlやCuの移動が遮られている．そのため，ビアの部分にボイドが発生・成長し，抵抗増加にいたったものである．

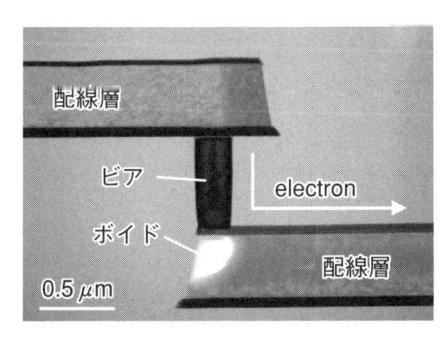

図3.1 Al配線のエレクトロマイグレーション故障例

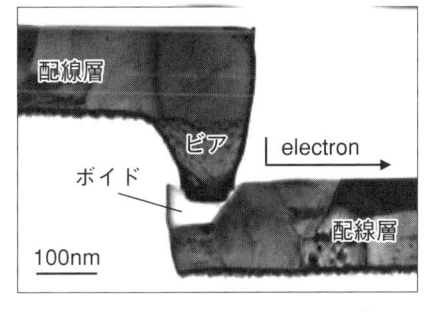

図3.2 Cu配線のエレクトロマイグレーション故障例

エレクトロマイグレーションという現象は，LSI 配線以外の通常の導線では，何ら問題になっていない．これは，通常の導線と LSI の内部配線では流れる電流の密度が決定的に異なるためである．LSI の内部配線を流れる電流の密度は $10^5 \sim 10^6 \mathrm{A/cm^2}$ 程度であるが，通常の導線に流れる電流の密度は，最大でも $10^3 \mathrm{A/cm^2}$ 程度である．LSI 配線において高い密度の電流を流すことができるのは，熱伝導率の高い層間膜に覆われていて配線から基板への放熱性が優れており，ジュール発熱による溶断が起こりにくいためである．

3.2.2 基礎物理モデル

エレクトロマイグレーションは，金属または半導体原子が，電子流との衝突による運動量交換を駆動力として移動する現象である．

金属は，図 3.3(a) に模式的に示すように，電子雲の中にイオンが規則的に並んだ構造をとる．この金属に電流を流すと，金属は 2 種類の力を受ける．1 つは電界から直接受ける**クーロン力**，もう 1 つは電子との弾性衝突にともなう運動量交換によって発生する力，いわゆる**電子風力**である (図 3.3)．

また金属イオンは，図 3.3(b) に示すような周期的なポテンシャルの中で，熱運動をしている．そして，ある確率でポテンシャルの山を乗り越えることができる．その確率は温度が高いほど大きく，ポテンシャルの谷の深さが浅い程大きくなる．ポテンシャルの谷の深さは**活性化エネルギー**（ϕ）で表される．図 3.3(a) で，イオン B は b や c の点（格子点）へは，そこに他のイオンがない（空格子点または原子空孔）ため自由に移動できるが，格子点 a や d へはそこにすでにイオンがあるため移動できない．

F_E や F_e といった力が働いていなければ，イオン B が b にいる確率と c にいる確率は同じである．電流を流すと F_E と F_e が働く．通常 LSI の配線に用いられる Al や Cu においては，F_E より F_e の方がはるかに大きいため，イオン B は格子点 c に移動する．続いて，同様な理由からイオン A が格子点 b に移動し，次々にイオンが電子の流れる向き，すなわち電流とは逆の向きに移動する．

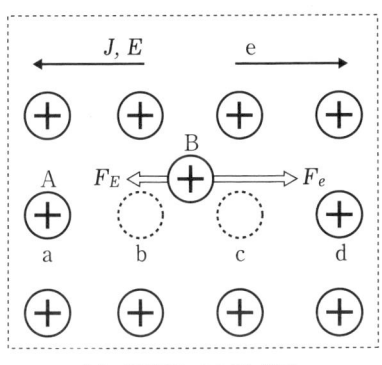

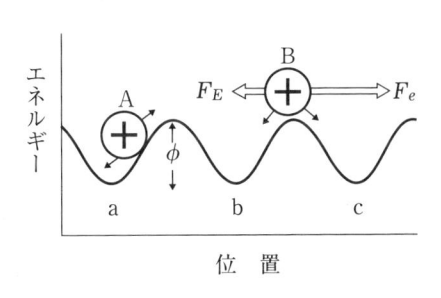

3.2 エレクトロマイグレーション

(a) 実空間での様式図   (b) ポテンシャル空間の中での運動

J：電流密度　　E：電界　　e：電子　　F_E：電界から受ける力
F_e：電子との衝突により受ける力　　ϕ：活性化エネルギー

図 3.3　エレクトロマイグレーション駆動力の概念図

この現象を定性的に説明するモデルとして，**バリスティックモデル**[1]がある．このモデルは，かなりよく実験結果に一致する．そのため，古典論的にもかかわらず，現在もエレクトロマイグレーション議論の出発点となっている．

電荷をもつ1個の不純物原子が金属格子中に存在しているとき，この不純物原子が受ける外力Fには，クーロン力F_Eと電子風力F_eの2つがある．電子風力は，電子との衝突によって不純物原子が受け取る単位時間当たりの運動量である．電子の平均速度をV_e，平均衝突時間をτ，質量をmとすると，電子1個あたりの単位時間当たりの運動量損失はmV_e/τとなる．したがって，1個の不純物原子が単位時間に受け取る運動量(電子風力)は式(3.1)にて与えられる．

$$F_e = n \cdot \frac{mV_e}{\tau N} \tag{3.1}$$

ここで，nは電子密度，Nは不純物密度である．電流密度$j=-neV_e$，電界E，電気抵抗率$\rho=E/j$を用いて式(3.1)を書き換えると，

$$F_e = -\frac{m}{eN\tau} \cdot \frac{E}{\rho} = -\kappa \frac{E}{\rho} \tag{3.2}$$

有効電荷 Z^* は次式で定義される.

$$F = F_E + F_e = \left(1 - \frac{\kappa}{\rho}\right) Z \cdot eE = Z^* eE \tag{3.3}$$

一様な外力 F のもとでの拡散的ランダム運動においては,Nernst-Einstein の関係式が成り立つ.これより,ドリフト速度は以下のように示される.

$$v_d = -\frac{D}{kT} \cdot F = \frac{D}{kT} Z^* e\rho j \tag{3.4}$$

ここで,D は拡散係数,k はボルツマン係数,T は絶対温度である.

実際の配線においては,電子風力に加えて,エレクトロマイグレーション誘起の内部応力勾配が発生することが知られている.この力は電子風力と逆方向に生じ,原子輸送を妨げる力となる.この現象を発見した I. A. Blech は,式(3.4)を修正し,以下のモデル式を示した[3].

$$v_d = \frac{D}{kT}\left(Z^* e\rho j - \Omega \frac{\Delta \sigma}{\Delta x}\right) \tag{3.5}$$

ここで,Ω は金属の原子体積,$\Delta\sigma$ は距離 Δx の両端の応力差,$\Delta\sigma/\Delta x$ は応力勾配である.

この式から明らかなように,ある条件では原子の移動速度は 0,すなわち実効的には移動しないことが伺える.Blech はこれを実験によって実証し,エレクトロマイグレーション発生のしきい条件となる電流密度 j_c と配線長 L の積を Critical product(臨界積)と名づけた.配線の両端がビアで終端している場合,Δx を配線長 L に置き換えて,以下の形で表される[3].

$$j_c L = \frac{\Omega \Delta \sigma}{Z^* e\rho} \tag{3.6}$$

着目する配線の配線長と電流密度の積が,式(3.6)よりも小さい条件では,エレクトロマイグレーションによる原子輸送は実効的には発生しないため,他の故障モードを無視し得るならば,寿命は無限大となる.

3.2 エレクトロマイグレーション

一般には，配線金属種によらず式(3.5)が成り立つ．すなわち，式(3.5)はエレクトロマイグレーションの基本駆動力を示すモデルといえる．ただし，現在においても電子風力による1個の原子輸送の軌跡を観察するにはいたっていない．観測され得る実験事実は，きわめて多数の原子の集団的挙動によるものである．具体的には，多数原子の移動によって発生するボイドの核形成，およびその成長の観測から式(3.5)の有効性が確認されている．

ところが，実際にはボイドの核形成も，その成長も，直接「故障」をあらわす状態変化ではない．ボイドに起因する抵抗値の変化にともなって，はじめて回路動作異常が発生する．そこで，一般的には抵抗値増加を故障と定義した場合の「寿命」に関する信頼性試験が行われ，それによる寿命予測が実施されている．

3.2.3 基礎的な寿命予測モデル

通常，エレクトロマイグレーション試験においては，あらかじめ定められた判定基準を超える抵抗値増加を故障と定義し，ストレス加速条件下の試験構造の抵抗変動を常時モニターすることによって寿命時間を観測する．ストレス加速は，高温による温度加速と，定電流の印加による電流密度加速が用いられる．これは，式(3.4)や式(3.5)に示されるように，原子移動が拡散定数と電子風力の積により表されること，すなわち温度と電流密度をパラメータにもつことに基づいている．

実際の寿命を予測するためには，複数の温度，複数の電流密度の組合せを変えて寿命試験を行い，ストレスに対する寿命の変化をモデル化し，このモデルを用いて実使用条件における寿命を外挿予測するのが一般的である．現在，広く用いられている寿命予測モデルはBlackによって提案された経験式[4]，いわゆるBlackの式をもとにしている．

このモデルは，加速試験で求められたメディアン寿命に基づき作成された式であり，半ば経験的に寿命予測に用いられてきた．電流密度と配線温度を与えることにより，容易に配線寿命を求めることができるため，現在のLSI設計

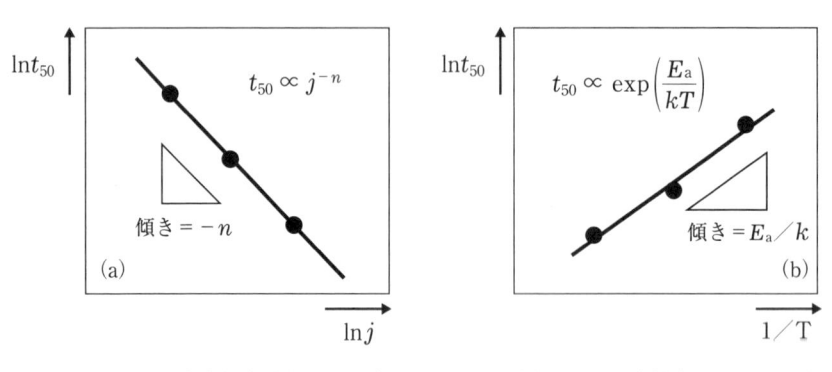

(a)　電流密度依存性(べき乗則)　　　(b)　温度依存性(アレニウス則)

図 3.4　エレクトロマイグレーション寿命のストレス依存性

技術の事実上の標準となっている．この式は一般に以下のように示される．

$$t_{50} = \frac{A}{j^n} \exp\left(\frac{E_a}{kT}\right) \tag{3.7}$$

t_{50} はメディアン寿命(Black の提唱した経験式[4]では，平均寿命を用いていたが，その後の研究結果から現在ではメディアン寿命が用いられている)，A は定数，j は電流密度，n は電流密度依存性係数(Black がこの式を発表した当初 $n=2$ としていた[4]．その後 2 以外の値が観測されるにつれて一般的に n と表記されるようになった)，E_a は寿命の活性化エネルギー，k はボルツマン定数 $(8.62 \times 10^{-5}\,[\mathrm{eV/K}])$，$T$ は絶対温度を示す．すなわち式(3.7)はメディアン寿命の電流密度と温度に関する依存性を表現したもので，前者に関しては**べき乗則**，後者については**アレニウス則**となることがわかる．実際には電流密度や温度などの条件を変えた試験を複数行い，図 3.4 に示されるようなデータ解析より，n や E_a などのパラメータの推定値を求める．

3.2.4　Al 配線におけるエレクトロマイグレーション

Al 配線には 40 年を越える歴史があり，プロセス技術の変遷とともに信頼性上問題となる故障メカニズムに関する調査研究が進められてきた．一般には，表 3.1 に示される現象とプロセスによる改善策があげられる．

3.2 エレクトロマイグレーション

表 3.1　Al 配線の故障メカニズムと改善

故障メカニズム	改善策
腐食	パッシベーションの改善
溶断	回路上の対策，電流の適正化
アロイスパイク	Al への Si の添加，WSi などのバリアメタル採用，W-プラグ コンタクト化
応力ズレ	パッシベーション，レイアウトデザイン改善
段差部での断線	工程改善（平坦化）
層間絶縁膜のリーク	ヒロックの抑制など
パープルプレーグ	ボンディング温度制御，樹脂中の不純物制御
Stress migration	Al への Cu の添加，バリアメタルによる積層化
Electromigration	Al への Cu の添加，バリアメタルによる積層化

　エレクトロマイグレーションを抑制するために Al 中に不純物を添加する研究は，40 年近く前からすでに行われていた．1980 年代半ばから現在にかけて，Cu を添加するのが一般的となった．これは，比抵抗の増加や下地との反応などの性質が最も優れていることによる．1970 年に Ames らによってはじめて報告された Cu 添加によるエレクトロマイグレーション寿命の向上効果は，TTF(time to failure) を約 70 倍改善するというものであった[5]．

　図 3.5 は，記号 A が Al-1%Si 膜の配線，記号 C が Al-1%Si-0.5%Cu 膜の配線の試験結果を示している．ともに幅 $8\mu m$ で長さ $500\mu m$，**バリアメタル**のない単層構造である．図中のストレス条件において試験し，抵抗値が初期値より 10% 劣化した時点で故障と判断した．Cu の添加によりエレクトロマイグレーション寿命が約 100 倍向上していることがわかる．

　1980 年代後半，アロイスパイク防止のために Al 合金中に添加された Si がコンタクト部にエピ成長してコンタクト抵抗が増加する弊害が生じた．そのため，Al と Si 基板の接触を絶つために他のメタルが挿入されるようになった．このバリアメタルはエレクトロマイグレーションやストレスマイグレーションにも有利であることから，多層化された配線にも用いられるようになった．現

第3章 LSI配線の信頼性

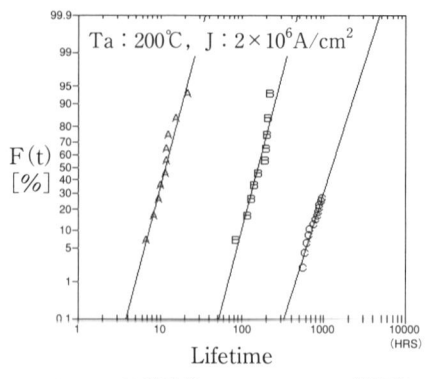

```
Ta:200℃, J:2×10^6 A/cm^2
F(t)[%]
Lifetime (HRS)
```

A：Al-Si（単層）　B：Al-Si-Cu（積層）
C：Al-Si-Cu（単層）

図3.5　Al中へのCu添加効果，積層効果の対数正規確率プロット，および故障部断面解析結果

在Al配線ではTiN，Ti，およびそれらの積層を用いるのが一般的である．

図3.5の記号Bは，記号CのAl-Si-Cu配線に対してTi/TiN/AlSiCu/TiNの積層構造をとったものである．エレクトロマイグレーション寿命は約10分の1に減少している．一方，逆に寿命は向上するという報告も多い．これは積層化そのものがエレクトロマイグレーション寿命を決めているのではなく，積層化によって**グレインサイズ（結晶粒径）**と結晶配向性が変化し，それらの組合せによってエレクトロマイグレーション寿命が変わるためである．図3.5の例では積層膜によりグレインサイズは単層膜の1/3〜1/2倍となる．そのため，主拡散経路となる粒界が少ない単層配線の方が長寿命となったと解釈される．

バリアメタルを用いた場合，エレクトロマイグレーションによるボイドが発生しても，バリアメタル自体はエレクトロマイグレーションによる輸送が起こらないため電気伝導は保たれる．そのため，特にサブミクロン微細配線の抵抗変化は，断線に等しい急激な抵抗上昇ではなく，ゆるやかな抵抗上昇へと移行した．そのため一般的なエレクトロマイグレーション試験における寿命の判定条件は，初期抵抗値から10〜30%程度増加した時点とされることが多い．

3.2.5 Cu 配線におけるエレクトロマイグレーション

現在,先端デバイスプロセスでは Cu 配線が主に採用されている.Cu には Al に対して抵抗率が3割ほど低いという特徴とともに,エレクトロマイグレーション耐性に優れるという特性があり,微細化に対して有利になる.ただし,製造プロセスの違いによりエレクトロマイグレーションの挙動が異なる.

図 3.6 に代表的な AlCu 配線と Cu 配線のプロセスの断面構造比較を示す.成膜した金属膜に**反応性イオンエッチング**(Reactive Ion Etching,RIE)で配線を形成する AlCu 配線に対し,Cu 配線はダマシン工法と呼ばれる方法を用いる.まず,先に成膜した層間膜に溝をエッチング加工し,**物理的気相成長**(Physical Vapor Deposition,PVD)によりバリアメタルおよびシード Cu 層を成膜する.その後めっきにより Cu を成膜,**化学機械研磨**(Chemical Mechanical Polishing,CMP)により余分な配線金属を取り除き,配線を形成

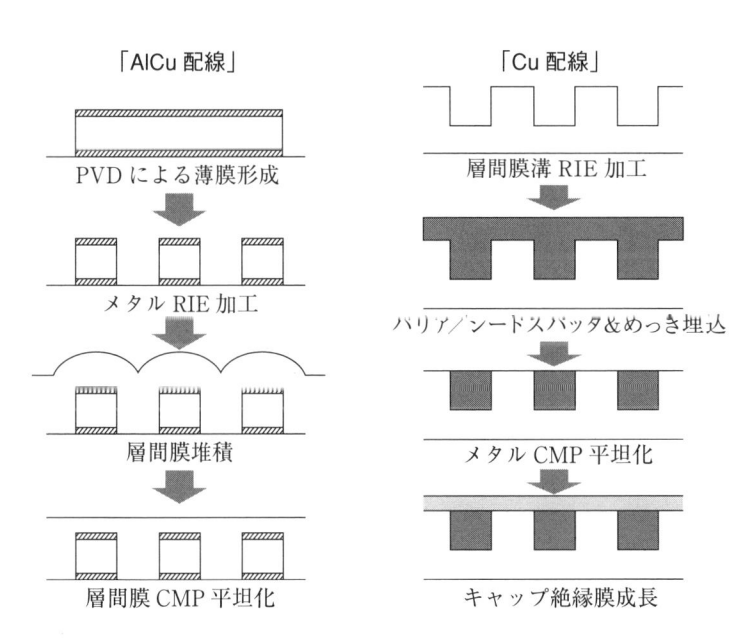

図 3.6 AlCu 配線と Cu 配線の製造プロセスの違い

する．化学的気相成長（Chemical Vapor Deposition，CVD）にてCu拡散防止のキャップ絶縁膜を成膜して，さらに上層を形成していく．配線溝とビア穴をあらかじめ形成し，一度に埋め込むデュアルダマシン工法はプロセス工期短縮化によるコスト低減とビア抵抗低減を同時に実現するものである．ただし，高アスペクト比の穴への埋込み性などの課題がある．

表3.2に，AlとCuの金属学的特性の相違を比較したものを示す．Alと比較して，Cuは拡散係数と有効電荷数が小さい．すなわち質量移動の基本式である式(3.4)の原子流束が小さくなるため，エレクトロマイグレーション耐性に優れることが予測される．

製造プロセスを比較した場合，Cuは狭い溝の中で成長するために複雑な結晶構造をもつことになる．ただし，同じ面心立方構造であっても，Cuは双晶を作りやすく，かつ整合境界となることが多いために，それら粒界の拡散は非

表3.2 AlとCuの金属学的特性の相違

	Al	Cu
原子番号	13	29
原子量	26.98	63.54
原子半径（Å）	1.43	1.28
比重	2.70	8.93
クラーク数	7.56	0.01
電気抵抗率（$\mu\Omega \cdot cm$）	2.69	1.70
熱伝導率（J/cm sec K）	2.38	3.85
構造	面心立方 FCC	面心立方 FCC
融点（K）	933.3	1356.5
活性化エネルギー（体拡散：eV）	1.46（450〜650℃）	2.03（685〜1060℃）
拡散係数（cm^2/sec）	1.75×10^{-20}	5.59×10^{-29}
有効電荷数*	$-30 \sim -12$	$-5.5 \sim -4.8$

* 100℃での数値

3.2 エレクトロマイグレーション

常に小さくなると考えられる．よって，比較的粒界拡散が支配的なAl配線と比べて，異なる拡散のメカニズムの寄与が高くなり，エレクトロマイグレーション耐性の挙動も変わる．

実効拡散係数は，断面積比に従って幾何学的に，バルク(b)，結晶粒界(gb)，バリアメタル/Cu界面(i)，Cu/キャップ膜界面(s)に対して，以下のそれぞれの拡散係数に分割される．

$$D_{\text{eff}} = n_b D_b + D_{gb}\left(1 - \frac{d}{w}\right)\left(\frac{\delta_{gb}}{d}\right) + D_i \delta_i \left(\frac{2}{w} + \frac{1}{h}\right) + D_s \left(\frac{\delta_s}{h}\right) \quad (3.8)$$

ここで，n_b はバルク中の原子密度，δ_{gb} は結晶粒界の有効厚，d はグレインサイズ，δ_i はバリアメタル/Cu界面の実効厚，w は配線幅，h は配線高さ，δ_s はCu/キャップ膜界面の実効厚を示す．Cuのバルク拡散は，活性化エネルギーが約 2.1eV(表3.3)であるため，試験条件である 350℃以下ではほぼ無視できる寄与しか発生しない．デバイスの実使用条件においては，完全に無視することが可能である．したがって，Cu配線のエレクトロマイグレーションにおいては，界面もしくは粒界の拡散が支配的となる．

図3.7は一般的なデュアルダマシンCu配線のエレクトロマイグレーション故障モードである．電子流が上層配線から下層配線へ流れる場合(**Downstream(下降流)モード**)では，ビアと下層配線の界面や，配線とキャップ絶縁

表3.3 拡散経路毎の活性化エネルギー[1]

拡散経路	Al配線	Cu配線
表面拡散	～0.28eV	0.7eV
粒界拡散	0.4～0.5eV	1.2eV
界面拡散	−	0.8～1.2eV
バルク拡散	1.4eV	2.1eV

---

1) Al配線は参考文献[6]によるもので，純Alの場合である．Cu配線は参考文献[7]によるものである．合金の場合には数値が異なる

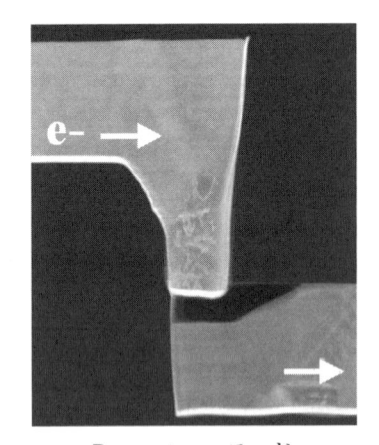

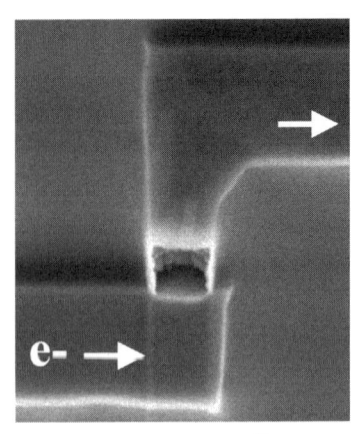

Down-streamモード　　　　　Up-streamモード

図 3.7　デュアルダマシン Cu 配線のエレクトロマイグレーション故障モード

膜との界面に沿ってボイドが発生・成長する．電子流が下層配線から上層配線へ流れる場合(**Up-stream**(**上昇流**)**モード**)では，ビア底のバリアメタルと Cu との界面などに沿ってボイドが成長する．また，配線の加工寸法(溝幅やビア径)が小さいほど，埋め込まれた Cu の結晶が成長しにくくなるため結晶粒界密度が高くなり，粒界拡散の寄与が高くなる．より微細化が進んだ Cu 配線においては，上部界面にメタルキャップを成膜する[8][9][10]，微量の他金属を添加する[11][12][13]などの，支配的な拡散を抑制する技術が有効となる．

3.2.6　はんだバンプにおけるエレクトロマイグレーション

エレクトロニクス製造に関わる環境規制(例えば，**WEEE**(Waste from Electrical and Electronic Equipment，**廃電気・電子製品**)指令，**RoHS**(Restriction of Hazardous Substances，**危険物質に関する制限**)指令など)は，鉛フリーはんだの実用化を加速した．この鉛フリーはんだについては，鉛はんだ以上に数多くの信頼性課題が提示されている[14]．

その中でも，シリコンチップと基板の接続に用いられるはんだバンプの寸法が微細化するにともなって，配線と同様にエレクトロマイグレーション現象が

懸念されるようになった．配線材料のAlやCuと比べて融点の低いはんだでは，10^4 A/cm^2 程度の電流密度でもエレクトロマイグレーションによる原子の移動が発生し，ボイド成長による抵抗増大や接続強度の低下などの問題が発生する．通常，不良は陰極側のバンプ上部のチップ側配線とのコンタクト界面のボイドとして顕在化する．また，SnPbはんだの場合では，Pb原子は電子流の方向に，Sn原子はその逆方向にマイグレーションするなど，比較的複雑な系となる[1]．

3.3 ストレスマイグレーション

3.3.1 ストレスマイグレーションとは●●●●●●●●●●●●●●●●●●

ストレスマイグレーション(Stress migration, SM)は電流印加をともなわない恒温保管で発生する配線中のボイド成長現象である．発生温度から300℃前後を境として低温モードと高温モードに分類される[16]が，本書では市場での実稼働において問題となる可能性のある低温モードについて述べる．

ストレスマイグレーションは1980年代半ばになってはじめて報告された現象である．その機構を解析した結果，応力による拡散現象が支配的であることが確認され，ストレスマイグレーション(欧米ではStress-induced voiding (SIV)，もしくはStress-induced phenomenaの方が多い)と呼ばれるようになった．

ストレスマイグレーションが，はじめて公式に報じられたのは1984年のIRPS(International Reliability Physics Symposium, IEEE)である[17]．通電をともなわず，単なるオーブンでの恒温保管試験で著しい断線が発生するため，驚異的な故障メカニズムとして注目された．

ストレスマイグレーションにおける原子輸送の駆動力は，配線形成工程の熱処理にともなって発生する配線の内部応力である．配線形成のプロセスでは，

第3章 LSI配線の信頼性

PVDやCVDなどの薄膜形成法が用いられる．通常これらの方法では数百℃の温度下で成膜が行われる．一方でAlやCuなどの金属と配線の周囲を覆う絶縁膜は，熱膨張係数が大きく異なるので，前述の成膜工程の熱履歴を経ることにより室温程度の温度では金属は引張応力状態となる(図3.8)．主にこの引張応力がストレスマイグレーションの駆動力となる．エレクトロマイグレーションやプロセス中でのヒロック形成と，ストレスマイグレーションの特徴の比較を表3.4に示す．

図 3.8 ストレスマイグレーションの基本メカニズム

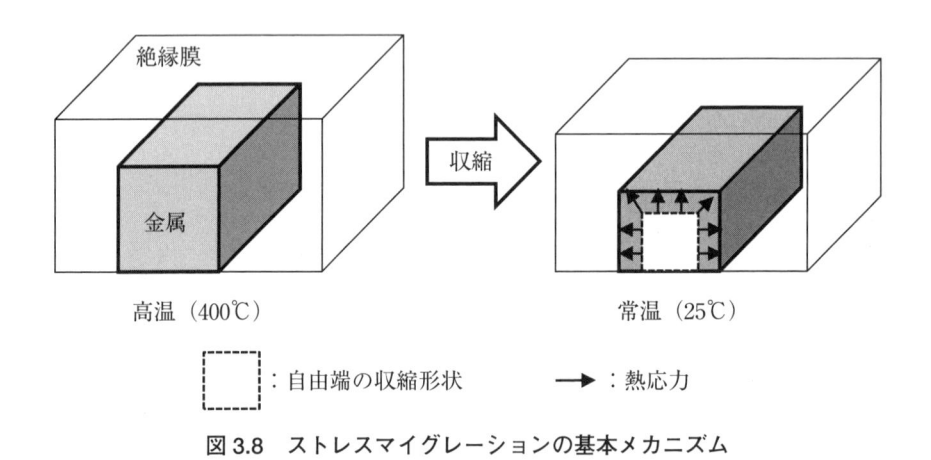

表 3.4 質量移動によって生じる問題の特徴の比較

	現象		質量輸送の駆動力	加速因子
	輸送元	輸送先		
エレクトロマイグレーション	ボイド 断線	突起 短絡	電子風力	電流密度 温度
ヒロック形成	−	突起 短絡	圧縮応力	応力 温度
ストレスマイグレーション	ボイド 断線	−	引張応力勾配	応力 温度

3.3.2 ストレスマイグレーションの基礎物理モデル

ストレスマイグレーションの故障確率は 150 ～ 200℃ の間で最大となり，それ以下や以上の温度では故障確率が低下することが多い．これは，以下のモデルで説明される．応力を σ，金属の自己拡散係数を D とすると，応力勾配下での原子流束 J は以下のように表される[16]．

$$J = \frac{D}{kT} \mathrm{grad}\sigma \tag{3.9}$$

故障確率が最大となる温度を境として，J はその高温側では温度上昇とともに σ が減少することにより，低温側では D が指数関数的に小さくなることによって，それぞれ支配的に減少する．また，応力緩和速度およびボイド密度が同じ温度で最大になることも報告されている[18]．このように，ストレスマイグレーションのメカニズムにおいては，応力以外の因子の影響も大きいものと考えられる．

配線に作用する応力は，熱応力成分と，絶縁膜堆積工程で生じる真性応力成分に分けられる．一般に，前者は**熱膨張係数**の異なる複数の材料からなる構造を，加熱または冷却した際に発生する応力である．後者は温度に依存せず，不純物の取込みや放出，結晶粒成長，反応にともなう体積変化などの，**熱平衡結晶構造**からのズレが生じる成膜，反応時に発生するものである．

一般に熱工程において，熱膨張係数が基板と異なる薄膜が受ける熱応力 σ_f は，以下の式で表される．

$$\frac{\sigma_\mathrm{f}}{dT} = -K(\alpha_\mathrm{f} - \alpha_\mathrm{s}) \cdot \frac{E_\mathrm{f}}{1 - \nu_\mathrm{f}} \tag{3.10}$$

添え字 f は薄膜を，s は基板を示す．T は絶対温度であり，dT は温度差，α は熱膨張係数，E は**ヤング率**，ν は**ポアソン比**である．K は薄膜化の極限では 1 に近づく定数である．配線金属と周囲の絶縁膜の熱膨張係数の差が大きいと，熱応力は大きくなる．Al や Cu などの配線主金属の熱膨張係数と，Si や SiO_2 の熱膨張係数の間には一桁の違いがある（表 3.5）．そのため，熱工程時に

表 3.5 配線材料の熱特性値 （*40℃，**溶融石英値）

	α (ppm/deg.)	E (GPa)	ν
Al	23.1	70.3	0.35
Cu	16.8*	130	0.34
Si	2.6	131	0.23
SiO$_2$	0.5 〜 0.9	70 〜 100	0.17**
SiN	2 〜 3	200 〜 300	
SiOC	12	9.5	0.3
Ti	8.5	116	0.32
Ta	6.5	186	0.34

大きな熱応力が発生する．また，配線は下面，側壁，上面すべてを絶縁膜に囲まれているので，応力は3次元的で複雑となる．

ストレスマイグレーションによる寿命の温度特性を示すモデルとして，McPhersonらによって次式が示されている[19]．

$$R = C(T_0 - T)^N \exp\left(-\frac{\phi}{kT}\right) \tag{3.11}$$

ここで，R は Creep Rate，T_0 はストレスフリー温度，T は温度，N はストレス指数，ϕ は活性化エネルギー，k はボルツマン定数，C は前指数項を示す．ストレスフリー温度とは，配線主金属の成膜温度に近い温度で，この温度においては層間膜と配線主金属の応力差がほとんどなくなって，ストレスマイグレーションによる原子輸送が発生しなくなる温度とされている[2)]．このモデルは，式(3.9)の形を変えた表現であり，$(T_0-T)^N$ が低温化するほど大きくなる応力項を，$\exp(-\phi/kT)$ が温度による拡散項を示している．図3.9(a)にダマシンCu配線のビア部で発生するストレスマイグレーション故障の，故障確率に関する温度依存性と，モデルのフィッティング例を示す．

式(3.11)のモデルにおいては，アレニウス型モデルに基づく実効的な活性化

---

2) ただし，この温度以上の領域では，高温モードの不具合が発生する可能性がある．

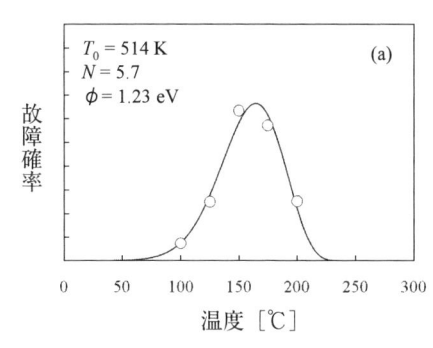

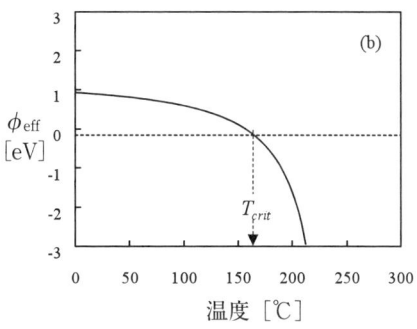

図 3.9 ストレスマイグレーション故障確率の温度依存性(a)と実効活性化エネルギーの温度依存性(b)

エネルギーは温度依存性をもつことになる．すなわち，式(3.11)の $1/T$ の周りの偏微分として以下の式が示される[19]．

$$\phi_{eff} = \phi - Nk\left(\frac{T^2}{T_0 - T}\right) \tag{3.12}$$

このとき，ϕ_{eff} は温度依存性を持つ実効活性化エネルギーであり，ϕ は拡散の活性化エネルギーである．式(3.12)より，実効活性化エネルギーは，$T = 0$ K のときに拡散の活性化エネルギーに一致する．また，$\phi_{eff} = 0$ となる T がボイド発生確率が最大となる温度 T_{crit} に一致する．T_{crit} 以上の温度では $\phi_{eff} < 0$ となるが，これは T_{crit} 以上では温度が上がるほどボイドの発生確率が小さくなる特徴を示している（図 3.9(b)）．$\phi_{eff} \to -\infty$ となる T が T_0 に一致する．

3.3.3 Al 配線におけるストレスマイグレーション

低温モードのストレスマイグレーションの対策として，Al 配線においては主に 2 つの方法が併用されている．

第一に Al 中に微量の Cu を添加することにより，ボイドの低減に著しい効果があることが報告されている[21]．現在〜 0.5 質量％程度の添加が標準的に採用されている．そのメカニズムとしては，Cu が空孔に侵入することによる自

由空孔濃度減少の可能性[21]や，粒界への Al_2Cu の析出による粒界拡散の低減の可能性[22]が提案されている．ただし，高温モードに対しては Cu の添加は有効ではないとの報告もある[23]ため，単独で決定的な解とは言い難い．

ストレスマイグレーション耐性の高い高融点金属による積層配線化も，ストレスマイグレーションで生じたボイドを迂回する電流経路として効果があり，広く採用されている．これは低温モード，高温モードともに効果がある．これはボイドの発生を抑制する訳ではないため，対処療法的な対策といえるが，実質的な効果は非常に大きい．

その他には，成膜雰囲気の真空度改善や，プロセス温度の低温化，熱履歴の短時間化を同時に行うことが重要である．

3.3.4　Cu 配線におけるストレスマイグレーション

実用化された当初の Cu 配線においては，ストレスマイグレーションは懸念されていなかった．ところが，130nm 技術ノードの開発において，実際に不良が顕在化し始めた．太幅配線を接続するビア部において，非常に高い確率で断線不良が発生することが確認された．デバイスの実使用温度近辺で発生する低温モードに関しては，2002 年の IRPS で報告された例[20]がはじめてと思われる．

ダマシン Cu 配線においては，ビア部に SIV によるボイドが生じることが知られている．このボイドの発生はパターン依存性が高く，幅が広い配線[20][24]や，幅が広い配線に接続された細い幅の配線[25]などで発生する確率が高くなる．また，故障は上層配線，下層配線のいずれが幅広である場合でも発生する（図 3.10）ため，両者ともに評価し，対策を実施する必要がある．

図 3.11 に典型的な下層配線モードのストレスマイグレーション故障個所の断面解析例を示す．図 3.11(a) の TEM 観察結果のように，故障個所にはボイドに接する粒界が存在していることが多い．また，下層配線の配線幅を変えて故障確率を観測した結果を図 3.11(b) に示す．幅が広い配線ほど故障確率が高くなることがわかる．

3.3 ストレスマイグレーション

(a) 上層配線モード　　(b) 下層配線モード

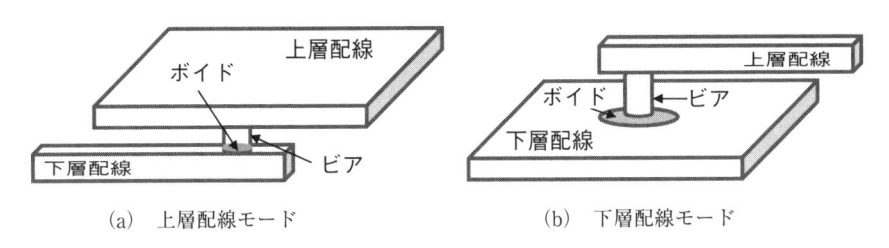

図 3.10　デュアルダマシン Cu 配線のストレスマイグレーション故障モード

(a) 故障解析例　　(b) 故障確率の配線幅依存性の例

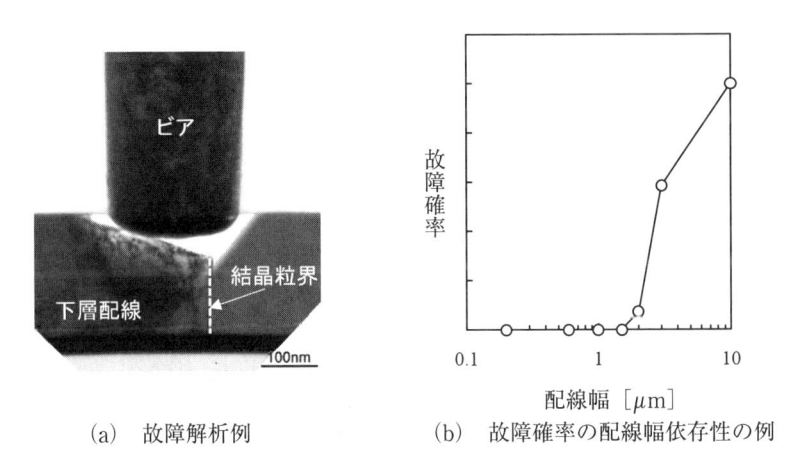

図 3.11　ダマシン Cu 配線のストレスマイグレーション故障の故障解析例と故障確率の配線幅依存性の例

これらの結果から，ストレスマイグレーション故障のメカニズムとして2つの理論が提案されている．1つは，ビアを中心とした半径 r の領域内に存在する Cu 中の過剰な空孔が，応力を駆動力としてビア下に集中してボイドを形成するというものである(Active Diffusion Volume, ADV[20])．その際の拡散パスとして結晶粒界の寄与が大きいと考えられる．もう1つは，ストレスマイグレーションの駆動力に関与する Cu の体積で説明するものである．すなわち，ビアを中心とした半径 r の領域内に存在する Cu による駆動応力がなくなるまで，ボイド周辺の原子が近傍粒界に排出されるというものである(Active Stress Relaxation Volume, ASRV[26])．

2つのモデルは，空孔もしくは原子という輸送種の幾何学的制限によって故障確率の配線幅依存性を説明する点では一致するが，空孔輸送と原子輸送という根底のメカニズムとしては相違している．いずれにせよこれらのモデルから，原子空孔の低減と内部応力の緩和が対策として有効であると考えられ，めっきやアニール条件の最適化や結晶成長の制御が行われ，故障の発生確率は大幅に改善された．

SIVにおける原子輸送の駆動力が金属の内部応力であることから，ボイドが成長するにつれてその駆動力は徐々に失われる．そのため，危険度の高い部位には2個以上のビアをレイアウトし，**冗長化**することが有効といわれている[27]．また，ビアと配線間の応力差を緩和するために，配線中にスリットやメッシュ状の層間膜を配置することも有効となる[28]．

3.4

配線層間膜のTDDB(Time-Dependent Dielectric Breakdown)

3.4.1 配線におけるTDDBとは

1997年以前，Cu配線の実用化に関する課題として，Alと比較してCuは容易に層間膜中に拡散すること，この金属イオンによりトランジスタ特性に重大な影響を与えることなどが懸念されていた．

この問題は，ダマシン構造の採用により一旦克服された．ところが，微細化が進むことにより，配線断面積に対するバリアメタルの占有率が高くなることにより，配線抵抗も高くなることが問題となる．そのため，薄いバリアメタルを成膜する技術の開発ともに，拡散防止機能の評価の重要性が高まってきた．

現在では，微細化によって配線間容量低減のために**低誘電率(low-k)層間膜**が採用され，配線層間膜の信頼性を確保することの重要性が高まっている．特に，配線間隔の縮小，加工プロセス中での層間膜へのダメージ，界面に残留したCuイオンの影響，配線とビアのマスク目合わせずれによる最小スペースば

3.4 配線層間膜のTDDB（Time-Dependent Dielectric Breakdown）

らつきの増加などによって，**配線層間膜の TDDB 現象**の懸念が増しつつある．今後注目される現象である．

3.4.2 配線間 TDDB の信頼性試験

配線間 TDDB の信頼性試験を行う際には，配線の対向長を確保するために，2 つの櫛形配線を対向させた試験構造が用いられる（図 3.12(a)）．また，ビアを形成することによる形状の特異性を評価するためには，前述の櫛形配線を二層以上形成し，それらをビアで接続した構造が用いられる（図 3.12(b)）．

試験の際には，それぞれの櫛形配線間に電圧を印加し，リーク電流の変化を定期的に観測するのが一般的な試験方法である．ゲート絶縁膜の TDDB の試験法と同様に，リーク電流の急峻な増大（**ブレークダウン**）を寿命と定義した試験が行われる．

3.4.3 配線間 TDDB の基礎物理モデル

配線間 TDDB の基礎物理モデルについては，現在様々な議論が続いている．代表的なものに，Cu の**イオンドリフト**が寄与するというモデル[29][30]があり，以下のステップで現象が進行すると考えられている（図 3.13）．

① Cu がイオン化する

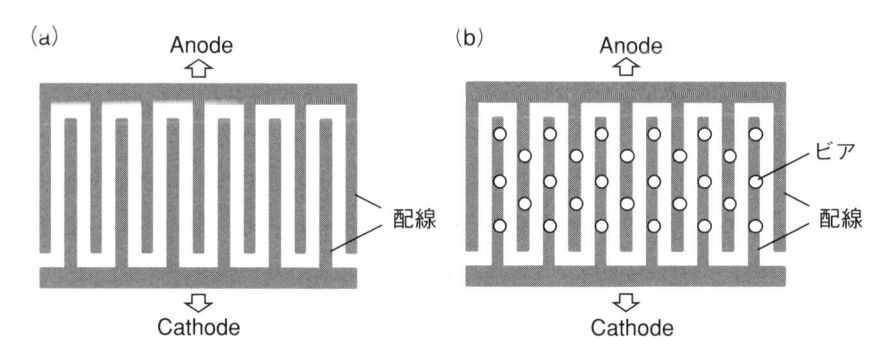

図 3.12　配線間 TDDB の標準的な試験構造

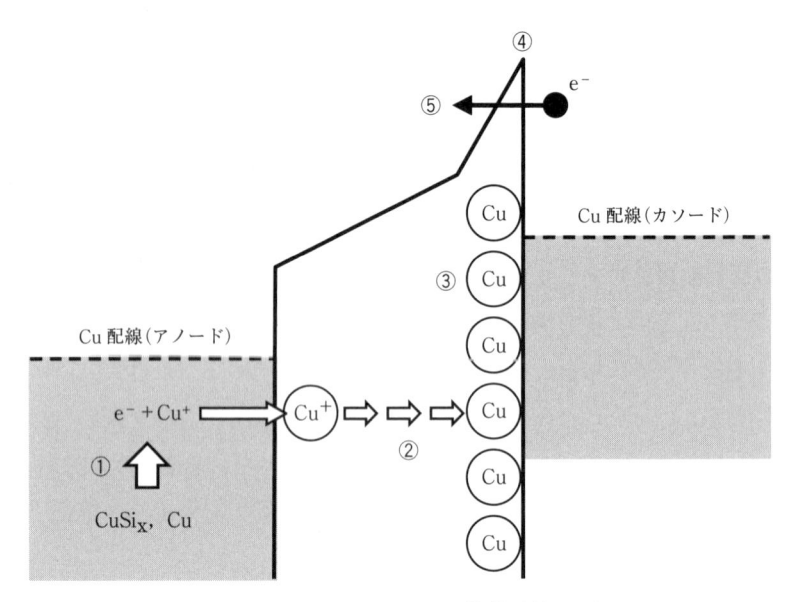

図 3.13 Cu ドリフトによる絶縁破壊モデル

② イオン化された Cu が電界ドリフトする
③ カソード側までドリフトした Cu が電子を受け取って析出する
④ パイルアップした析出 Cu と，膜中に残留している Cu イオンのチャージにより，三角ポテンシャルが急峻になる
⑤ F-N(Fowler-Nordheim)トンネル電子電流が増加し，注入総電子量の増加によって絶縁破壊にいたる

このモデルは，MIS(Metal-Insulator-Silicon)構造で検討されたものであるが，実際の配線である MIM(Metal-Insulator-Metal)構造でも同じと考えられる(図3.14)．

また，プロセスが最適化された場合には，Cu の介在がなくとも絶縁破壊が生じるとするモデルもある[31][32]．これは，low-k 層やキャップ層の絶縁性が，リーク電流によって**化学結合破壊**されるというものである．これらのメカニズムは混在する可能性もあり，支配的なメカニズムは材料，およびプロセスに強く依存すると考えられる(図3.6)．

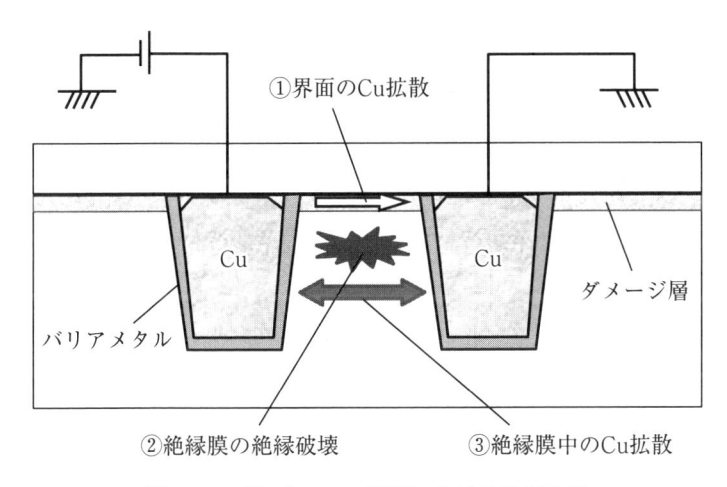

図 3.14　ダマシン Cu 配線における絶縁破壊

①界面の Cu 拡散
②絶縁膜の絶縁破壊
③絶縁膜中の Cu 拡散
Cu
バリアメタル
ダメージ層

　配線間 TDDB においては，配線層間膜／キャップ膜界面の寄与が大きくなる．一般的なダマシン配線においては，CMP を用いて機械的に形成された表面にダメージ層が生じ，その上にキャップ層が形成される．界面にダメージ層が生じることにより，界面の Cu 拡散や，界面部での絶縁破壊が加速されると考えられる．

第 3 章の参考文献

[1]　新宮原正三監修：『金属微細配線におけるマイグレーションのメカニズムと対策』，サイエンス＆テクノロジー，2006 年．
[2]　H. B. Hungtington and A.R. Grone, "Current-induced Marker Motion in Gold Wires", *J. Phys. Chem. Solids*, Vol.20, pp.76-87, 1961.
[3]　I. A. Blech, "Electromigration in thin aluminum films on titanium nitride", *J. Appl. Phys.*, Vol.47, pp.1203-1208, 1976.
[4]　J. R. Black, "Electromigration―A Brief Survey and Some Recent Results", *IEEE Trans. ED*, Vol.16, pp.338-347, 1969.
[5]　I. Ames, *et al.*, "Reduction of Electromigration in Aluminum Films by Copper Doping", *IBM J. Res. Develop.*, Vol.14, pp.461-463, 1970.
[6]　H.-U. Schreiber, "Activation Energies for the Different Electromigration

Mechanisms in Aluminum", *Solid-State Electronics*, Vol.24, pp.583-589, 1981.
[7] J. R. Lloyd, *et al.*, "Copper metallization reliability", *Micro. Rel.*, Vol.39, pp.1595-1602, 1999.
[8] C.-K. Hu, *et al.*, "Reduced Electromigration of Cu Wires by Surface Coating", *Appl. Phys. Lett.*, Vol. 81, pp.1782-1784, 2002.
[9] C.-K. Hu, *et al.*, "Comparison of Cu Electromigration Lifetime in Cu Interconnects Coated with Various Caps", *Appl. Phys. Lett.*, Vol. 83, pp.869-871, 2003.
[10] C.-K. Hu, *et al.*, "Atom Motion of Cu and Co in Cu Damascene Lines with a CoWP Cap", *Appl. Phys. Lett.*, Vol. 84, pp.4986-4988, 2004.
[11] S. Yokogawa and H. Tsuchiya, "Effects of Al doping on the electromigration performance of damascene Cu interconnects", *J. Appl. Phys.*, Vol.101, pp.013513.1-6, 2007.
[12] S. Yokogawa, *et al.*, "Trade-Off Characteristics Between Resistivity and Reliability for Scaled-Down Cu-Based Interconnects", *IEEE Trans. ED*, Vol.55, pp.350-357, 2008.
[13] S. Yokogawa, *et al.*, "Analysis of Al Doping Effects on Resistivity and Electromigration of Copper Interconnects", *IEEE Trans. Dev. and Mat. Rel.*, Vol.8, pp.216-221, 2008.
[14] 菅沼克昭:『はじめての鉛フリーはんだ付けの信頼性』，工業調査会，2005年．
[15] 幸田康成:『改訂金属物理学序論』，コロナ社，1964年．
[16] 岡林秀和:「アルミニウム配線のストレスマイグレーション」，『まてりあ』，Vol.36, pp.565-570, 日本金属学会，1997年．
[17] J. Curry, *et al.*, "New Failure Mechanisms in Sputtered Aluminum-Silicon Films", *Proc. IRPS*, IEEE pp.6-8, 1984.
[18] H. Okabayashi and K. Aizawa, *Stress-Induced Phenomena in Metallization,* Ed. By P. S. Ho, J. Bravman, C.-Y. Li and P. Totta (AIP Conf. Proc. 373), American Institute of Physics, New York, p.33, 1994.
[19] J. W. McPherson, and C. F. Dunn, "A model for stress-induced metal notching and voiding in very large-scale-integrated Al-Si(1%) metallization", *J. Vac. Sci. & Tech.*, B5(5), pp.1321-1325, 1987.
[20] E. T. Ogawa, *et al.*, "Stress-induced Voiding under Vias connected to Wide Cu Metal Leads", *Proc. IRPS*, IEEE pp.312-321, 2002.
[21] S. Mayumi, *et al.*, "The Effect of Cu Addition to Al-Si Interconnects on Stress Induced Open-Circuit Failures", *Proc. IRPS*, IEEE p.15, 1987.

第3章の参考文献

[22] Y. Koubuchi, et al., "Stress migration resistance and contact characterization of Al-Pd-Si interconnects for very large scale integrations" *J. Vac. Sci. Technol.*, B8, p.1232, 1990.

[23] Y. Sugano, et al., "In-situ observation and formation mechanism of aluminum voiding" *Proc. IRPS*, IEEE p.34, 1988.

[24] M. Kawano, et al., "Stress relaxation in dual-damascene Cu interconnects to suppress stress-induced voiding", *Proc. IITC*, IEEE pp.210-212, 2003.

[25] N. Okada, et al., "Thermal Stress of 140nm-width Cu damascene interconnects", *Proc. IITC*, IEEE pp.136-138, 2002.

[26] C. J. Zhai and R.C. Blish II, "A physically based lifetime model for stress-induced voiding in interconnects", *J. of Appl. Phys.*, Vol.97, pp.113-503, 2005.

[27] K. Yoshida, et al., "Stress-Induced Voiding Phenomena for an actual CMOS LSI Interconnects", *Proc. IEDM*, IEEE pp.753-756, 2002.

[28] T. Suzuki, et al., "Stress induced failure analysis by stress measurements in Copper dual damascene interconnects", *Proc. IITC*, IEEE pp.229-230, 2002.

[29] J. Noguchi, et al., "Effect of NH3.Plasma Treatment and CMP Modification on TDDB Improvement in Cu Metallization", *IEEE Trans. ED*, Vol.48, pp.1340-1345, 2001.

[30] F. Chen and M. Shinosky, "Addressing Cu/Low-k Dielectric TDDB-Reliability Challenges for Advanced CMOS Technologies", *IEEE Trans. ED*, Vol.56, pp.2-12, 2009.

[31] E.T. Ogawa, et al., "Leakage, breakdown, and TDDB characteristics of porous low-k silica-based interconnect dielectrics", *Proc. IRPS*, IEEE pp.166-172, 2003.

[32] N. Suzumura, et al., "Electric-field and Temperature Dependences of TDDB Degradation in Cu/Low-k Damascene Structures", *Proc. IRPS*, IEEE pp.138-143, 2008.

第4章

静電気破壊現象

　製造工程，出荷後において，自然現象である静電気放電による破壊現象を静電気破壊と呼び，「使用の信頼性」と位置付ける．これは，はんだリフローによるパッケージクラック障害，CMOSデバイスの動作中ノイズ進入にて発生するラッチアップ現象も同様である．これらは，信頼性といっても寿命問題ではない．

　信頼性と静電気破壊はMOSデバイスを中心に発生してきた．そこで，いわゆるLSI内部への静電気保護回路設置が実施され，組立工程ではLSIの取扱い静電気対策が実施された．しかし，近年，デバイス性能を向上するため導入されてきた素子構造は，この静電気破壊に対し非常に脆弱な構造であるため，保護回路設計手法，静電気工程対策において現状を大幅にブレークスルーする手法，対策が求められている．ここではその一端を紹介する．

第4章 静電気破壊現象

4.1

ESD障害と静電気破壊（ESD損傷）

近年，半導体デバイスは，高速性，低消費電力化，高信頼性への急速な性能向上要求を実現するため，新たなデバイス構造を次々と採用してきた．しかしながら，これらの構造は静電気放電(Electrostatic Discharge, **ESD**)サージ流入現象に対し非常に脆弱な構造であった．その結果，ESDによる障害が，MOS(Metal Oxide Semiconductor) デバイス開発，量産開始時期，組立工程自動化時期などと同様，再び大きな問題となった．ここでは，半導体デバイス信頼性問題におけるESD障害の位置づけ，ESDモデル，再現試験(評価)方法，各損傷現象を整理し，近年登場してきたトランジスタ構造の半導体デバイスでのESD保護回路開発，設計手法について説明する．

図4.1は，信頼性の取り扱う分野において，ESD障害の位置を示したものである．"アイテムが与えられた条件で規定の期間中，要求された機能を満たす性能"を信頼性，その確率を信頼度という．半導体デバイスなどの電子部品は，修復不可能系であるため，信頼度は，稼働状態での残存確率 $R(t)$ となる．

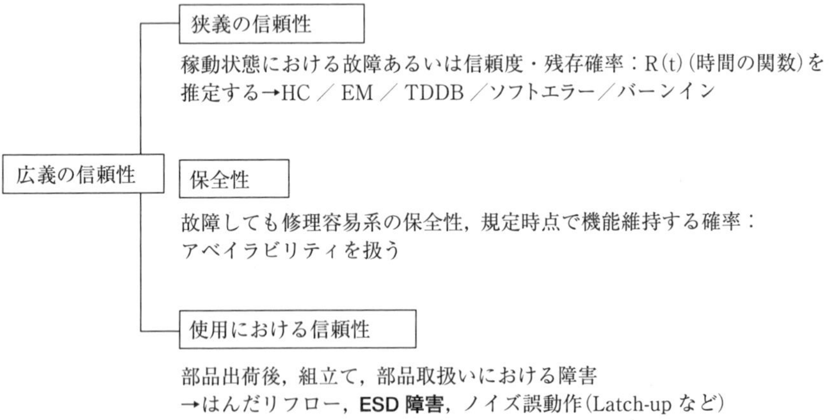

```
                ┌─ 狭義の信頼性
                │   稼動状態における故障あるいは信頼度・残存確率：R(t)（時間の関数）を
                │   推定する→HC／EM／TDDB／ソフトエラー／バーンイン
                │
広義の信頼性 ───┼─ 保全性
                │   故障しても修理容易系の保全性，規定時点で機能維持する確率：
                │   アベイラビリティを扱う
                │
                └─ 使用における信頼性
                    部品出荷後，組立て，部品取扱いにおける障害
                    →はんだリフロー，**ESD障害**，ノイズ誤動作(Latch-up など)
```

図4.1　狭義の信頼性と広義の信頼性

4.2 半導体デバイスにおける静電気破壊

対象とすべき故障,劣化現象としては,エレクトロマイグレーション(EM),ホットキャリア(HC)などのように,半導体デバイスの各部位が電気的機能を果たすことによって,劣化を起こし,機能を果たし続けることによって最終的には故障を発生させる物理現象である.

これに対し,部品出荷後,基板搭載のはんだリフロー熱処理において発生するパッケージクラック,組立工程などにおけるESD破壊,稼動状態でのノイズ流入によるLatch-up障害などは,使用における信頼性として一般の信頼性(時間の関数現象)とは別に取り扱われてきた.組立て時のストレス,ESDサージ流入,デバイス稼働中での外乱ノイズなどは稼働中の劣化現象ではなく,使用上これらのストレスが印可されるときに損傷されないように耐性設計を実施することによって守られる使用上の信頼性となる.半導体デバイスにおいてその代表的なものが静電気破壊(ESD損傷)である.

4.2
半導体デバイスにおける静電気破壊

4.2.1 静電気帯電と静電気放電(ESD) ●●●●●●●●●●●●●●

固体における静電気の発生は,2つの物体の接触,分離によるものと考えられている.異なった物体が接触,分離すると,電子を取り込む力の差によって電荷の移動が起こり,双方の接触表面に静電気が発生する.電子を取り込む力が大きい物体の表面には負,小さい方には正の静電気が発生する(図4.2).また摩擦するとこの接触,分離する面積が大きくなるため発生静電気量も増大することになる.摩擦させる物体の組合わせを様々に変えて実験し,相対的に正の静電気を発生しやすいから負の静電気を発生しやすいものへの順を経験的に作成したものが帯電列(図4.3)といわれるものである.

帯電した物体が導体の場合,静電気は図4.4に示されるように他の電位の異なる導体に近づけると気中放電現象を起こし,双方の電位が同じになるまで電

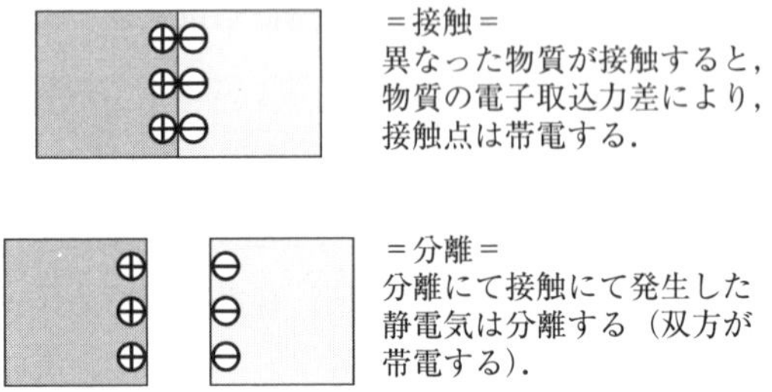

第4章 静電気破壊現象

図4.2 接触と分離によって発生する静電気

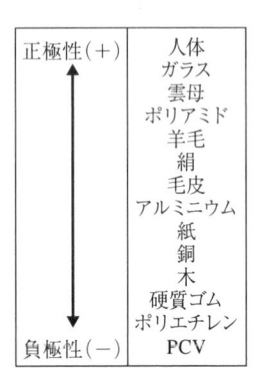

図4.3 静電気帯電列

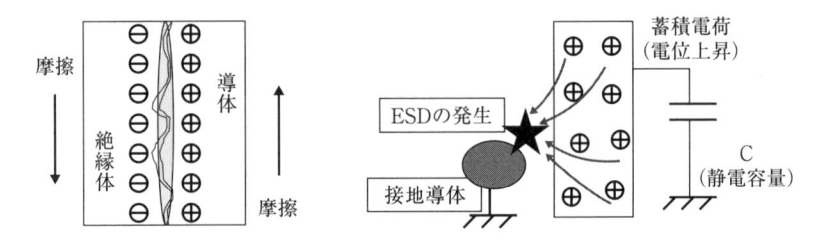

図4.4 導体に静電気帯電したESD現象

荷を移動させ続ける．これは静電気が放電している現象なので，静電気放電（ESD）と呼ばれる．カーペットの上を歩いている人が木製机に手をおいても何も起らないが，ドアの金属性ノブに手を触れようとしたとたんピシッという音とともに手に電撃を感じることは冬場などによく経験する．人体もノブも導体であるため，両者の電位が同一になるまで，ESDにて電荷を移動させ，電撃を感じるのである．もしドアのノブではなくデバイス端子であったとすると，人体に蓄えられた静電気がESDを発生させ，デバイス内部へESDサージとして流入，損傷を与える可能性がある．

これに対し絶縁体に帯電した静電気は，導体を近づけても接触したところの電荷は移動するが，絶縁体表面の電荷は動けないため，同電位になるまで電荷移動をする導体間でのようなESDは発生しない．例えば静電気帯電した絶縁

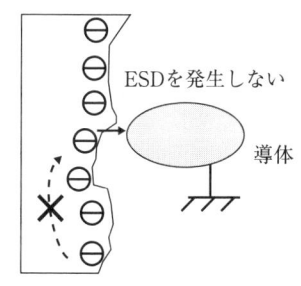

図 4.5 静電気帯電した絶縁体 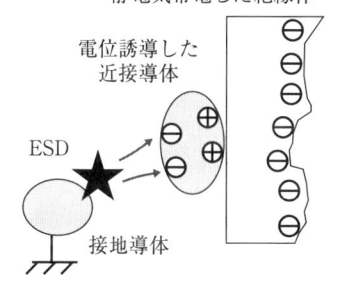　　図 4.6 電位誘導近接導体と接地導体の ESD

体フィルムにデバイス端子を近づけてもコロナ放電のような高い電界強度にならない限り，ESD は発生しない(図 4.5)．では，帯電した絶縁体は半導体デバイスに損傷を与えるような現象を引き起こさないかというと，誘導という現象を介在して引き起こす(図 4.6)．静電気帯電した絶縁フィルムの上に半導体デバイスが置かれると，デバイス電位は誘導によって上昇する．このデバイス端子に接地された人体の持っているピンセット(導体)が近付くと ESD が発生する．発生した ESD サージはデバイス内部へ流入，損傷を与えることがある．半導体デバイスの組立工程において損傷を与える静電気は，以上のように ESD を起こした結果として発生するのが一般的である．

4.3

半導体デバイスの ESD 損傷モデル

　図 4.7 は，半導体デバイスにおける ESD 損傷モデルを示したものである．大きく分けると外部帯電体からの ESD によるデバイス損傷，デバイスの直接，間接における静電気帯電による ESD での損傷，デバイス周囲の電場変化による内部電界変化にての損傷に分類される．

第4章　静電気破壊現象

```
┌─ 外部静電気帯電物体がデバイス端子に静電気放電することに起因するモデル
│  人体帯電モデル(HBM)：放電する静電気帯電物体が取り扱う人体である場合のモデル
│  マシンモデル(MM)：放電する静電気帯電物体が金属筐体である場合のモデル
├─ デバイス電位が静電気によって上昇し，デバイス端子から外部導体へ静電気
│  放電することに起因するモデル→総称：デバイス帯電モデル：CDM
│  デバイス実帯電モデル(CDM)：デバイス金属，導体部に静電気帯電した場合のモデル
│  パッケージ帯電モデル(CPM)：デバイス封止樹脂が摩擦工程等で静電気帯電した場合のモデル
│  帯電体誘導モデル(EBIM)：近傍の静電気帯電した絶縁体，あるいは導体によりデバイスが
│                        誘電されている場合のモデル
│              ┌─ ボード帯電モデル(CBM)
│              └─ チップ帯電モデル(CCM)
└─ デバイス周囲の電場(電界)変化によってデバイス内部に発生する過渡電圧，
   渦電流に起因するモデル
   電場(界)誘導モデル(FIM)
```

図 4.7　半導体デバイスの ESD 損傷モデル

4.3.1　外部帯電物体からの ESD

　外部静電気帯電物体(導体)がデバイス端子に接触すると，ESD が発生，デバイス内部へ ESD サージが流入する．外部帯電物体の接地容量に蓄えられた静電気エネルギーがデバイス内部にて消耗されることになり，通常 PN 接合等，熱的破壊を発生させる．外部帯電物体がデバイスを取り扱う人体である場合，人体帯電モデル(Human Body Model, HBM)と呼ばれ，静電気帯電した金属筐体となるとマシンモデル(Machine Model, MM)と呼ばれている(図 4.8)．人体帯電モデルによる試験回路を図 4.9 に示す．この図の等価回路では表現されていないが，人体に蓄えられた電荷をデバイスへ放出した場合，図 4.9 の放電経路に発生する L(インダクタンス)はかなり大きい．この L(インダクタンス)は，放電電流が流れ始めると $V_L = -L\, di/dt$ という逆起電力を発生し，放電電流の立上がり(t_r)を遅くする効果を持つ．

4.3　半導体デバイスのESD損傷モデル

　図4.10はHBM試験回路において，短絡負荷の放電電流波形標準値を示したものである．ここでは，短絡負荷において放電電流立上がり時間(tr) = 2～10nsecと規定されている．この立上がり特性は，寄生インダクタンスLが，～750nH程度を想定している．素子構造によって異なるが，通常のESD保護素子として使用される接合ダイオードのブレークダウン応答は2nsec程度の立上がり時間では十分，対応するものである．したがって，HBM試験でのESDサージをデバイスへ流入した時には，保護回路でのダイオードなど，ブレークダウン動作素子はその目的動作をしている状態でESDサージを通過させている．結果，各素子がESDサージ通過によって発熱し，熱的破壊を起こすことによって損傷されることが通常のHBM破壊現象となる[1]．

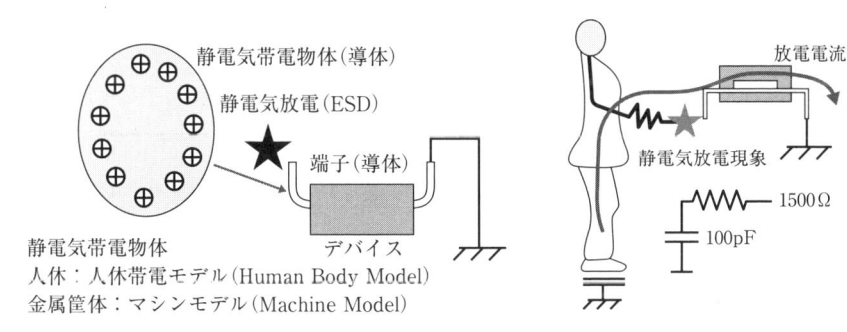

図4.8　外部帯電体からのESD現象

図4.9　人体帯電モデル(HBM) ESD試験方法

立上がり時間(tr) = 2～10nsec

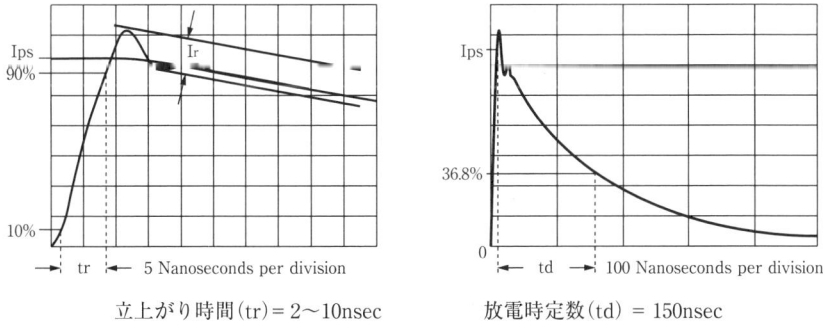

放電時定数(td) = 150nsec

図4.10　HBM試験回路における短絡負荷条件における放電電流規定

4.3.2 デバイス帯電による ESD 損傷

半導体デバイスは,通常絶縁体の樹脂などにより封止されている.したがって,絶縁体であるデバイス表面は,他の物体と摩擦することによって容易に静電気帯電し,ほとんど自然には除電されない.この表面に発生した摩擦静電気などによって,チップ,リードフレーム電位は誘導され,リードが外部導体と接触すると,電位差のある導体間の接触となるため,ESD が発生する.そこで急峻な ESD がチップ内へ流れ込み,デバイスが破壊する.このような ESD によってデバイス破壊する現象を**パッケージ帯電モデル(Charged Package Model, CPM)**[2] と名付けた(図 4.11). 図 4.12 に CPM 損傷が発生した捺印工程機構を示した.また,図 4.13 はパッケージ帯電電圧と不良発生率の捺印回数に対する関係を示したものである.パッケージ帯電電圧,不良発生率は,捺印回数(摩擦回数)を多くしていくとともに上昇していく.チップ,リードフレーム電位上昇は,パッケージ表面に発生する摩擦静電気でなくてもよく,外部帯電体,例えばデバイス近傍にある静電気帯電した保護シート,フィルムなどによる誘導でも発生し,同様な現象を起こす.これは,帯電体誘導モデル,誘導デバイス帯電モデル(Field Induced Charged Device Model, FICDM)などと呼ばれている.

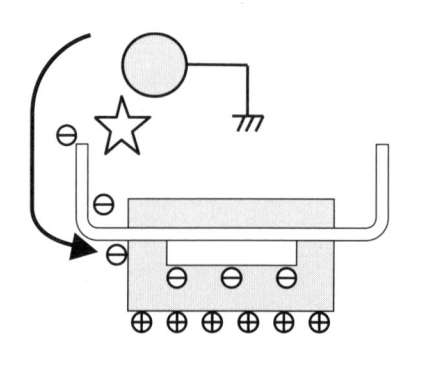

図 4.11 パッケージ帯電モデル概念図

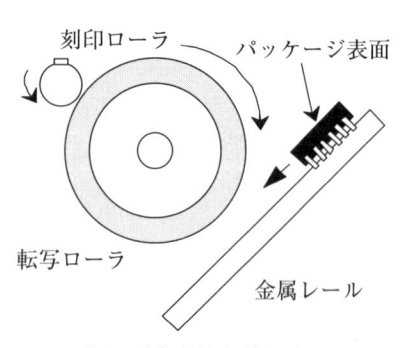

図 4.12 CPM 損傷発生の捺印工程

4.3 半導体デバイスのESD損傷モデル

図4.14に,ダイスピッカー工程における静電誘導によるESD現象を示す.チップはフィルム上に置かれている状態で,突上げステージによってフィルム裏面から突き上げられる.そのチップを金属製コレットがバキューム吸着にてピックアップ,ダイスボンド工程へ持っていく工程である.突き上げステージがフィルム裏面と摩擦するため,フィルム裏面の静電気帯電面積が増加していき,フィルム表面にあるチップの電位は静電誘導によってどんどん上昇していく.電位上昇したチップを金属コレットがバキューム吸着するときにESDが

パッケージ帯電電圧と不良発生率との関係

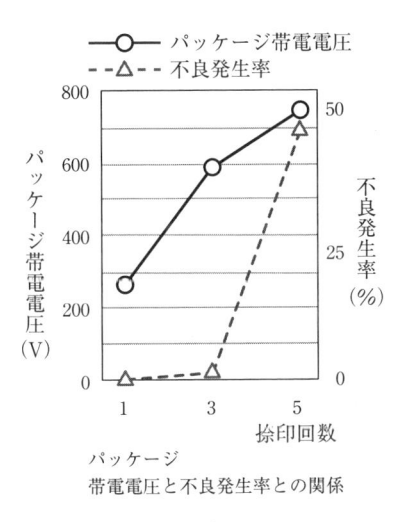

図4.13 捺印回数とパッケージ帯電電圧不良発生率との関係

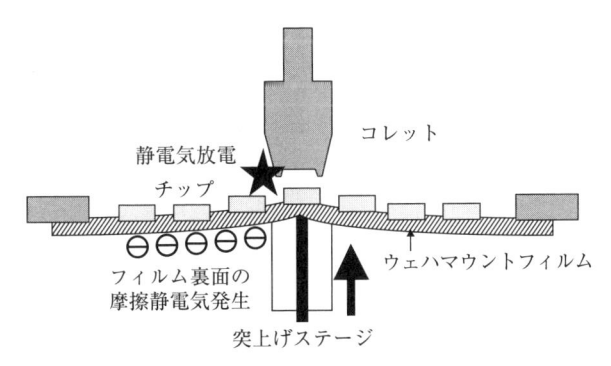

図4.14 ダイスピッカー工程における静電気発生

発生することになる．その結果，チップ損傷が発生する．このようにチップ状態などにおいても近傍にその発生する静電気などにより静電誘導，電位上昇，ESD発生を起こす．一方，チップ，リードフレームなどに静電気が実帯電しても同様なESD現象を起こすことも想定されるが，実際の組立て工程などでは多くの場合，静電誘導からESDを発生すると考えてよい．これらのESD現象は，総称して**デバイス帯電モデル**（Charged Device Model，CDM）と呼ばれる．デバイスからのESDによる破壊現象を再現するために様々な試験方法が検討されてきた．図4.11に示されるパッケージ帯電モデルの破壊現象を正確に再現するものとして考案されたのが，パッケージ帯電試験法である（図4.15）．これはパッケージ表面電位を上昇させ，端子に接地放電棒から気中放電させるものである．電圧印加時，全端子の電位を安定的に上昇させ，放電に影響しないベークライト材を電位支持材として使用し，放電棒の形状においても安定的なESDが発生するような形状にしている．図4.16は，パッケージ帯電試験法による放電電流波形を示したものである．

　CPM放電電流の立上がりは，HBMが短絡負荷条件において2～10nsecであったのに対し，500psec以下という非常に速いものである．半導体デバイスにこの種のサージが印加されると，保護ダイオードのブレークダウン現象や保護トランジスタのスナップバック特性動作に入る前に，過渡的な高電圧サ

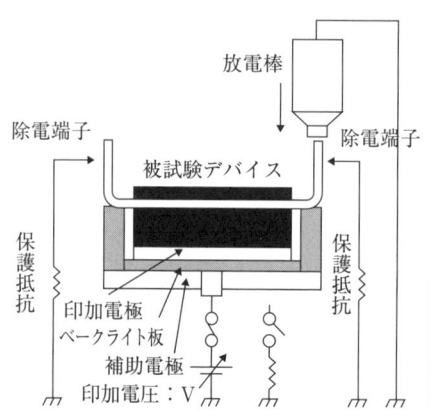

図4.15　パッケージ帯電試験法

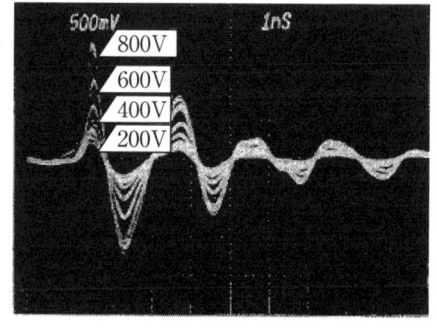

図4.16　CPM放電電流波形観測

4.3 半導体デバイスの ESD 損傷モデル

ージが印加され，ゲート酸化膜，フィールド酸化膜の電界的破壊を発生することがある(図 4.17)．パッケージ帯電試験法の試験原理を踏襲しているのが，JEDEC 規格 JESD22-C101E にて規格化されている FICDM 試験法である(図 4.18)．これらの試験方法は，実際の ESD 現象を忠実に再現する目的で気中放電を採用しているため，放電電流波形にバラツキが生じる．製造ラインの再現という意味ではよいが，製品認定試験として採用する場合においては，放電電流バラツキは判定において誤差を生じさせる．そこで JEITA-ED4702/300-2 では図 4.19 に示されるようにリレーを用いた放電試験，ダイレクト CDM 試験

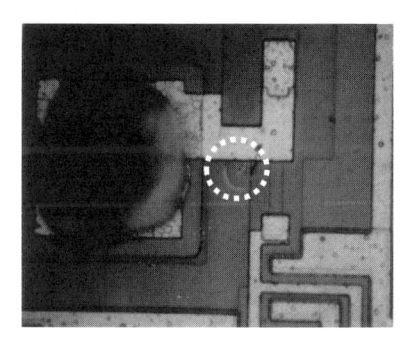

図 4.17 CPM 破壊現象(フィールド酸化膜破壊)

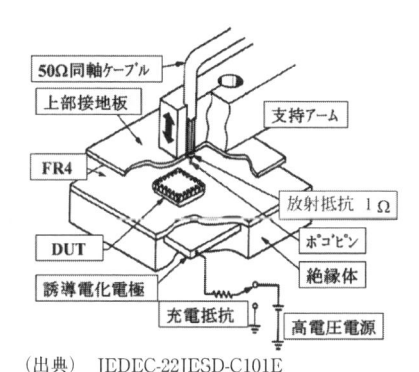

(出典) JEDEC-22JESD-C101E

図 4.18 FICDM 試験法

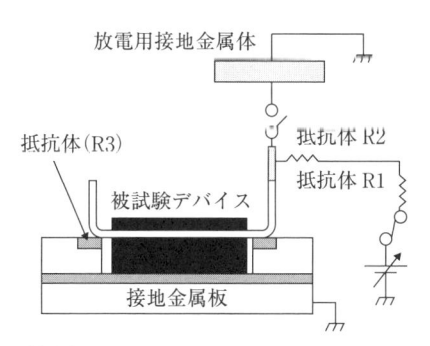

(出典) JEITA ED4701/300-2

図 4.19 ダイレクト CDM 試験法

法を主体として，パッケージ帯電試験法併記にて規格化されている．放電波形観測技術が向上してくるに従い，これら試験方法の相違を放電電流波形規定にて国際標準(IEC 60749-28)に統合していこうとする動きとなっている．

4.4

デバイス構造と ESD 耐性

4.4.1　シリサイド構造デバイスにおける HBM 耐性への脆弱性のメカニズム

　近年の各種性能向上のために導入された各種デバイス構造は，ESD 耐性への非常な脆弱性を持っていることが確認されている．ここでは，参考までに高速化性能向上のために採用されたシリサイド構造デバイスにおける HBM 耐性への脆弱性のメカニズムを説明する．

　図 4.20 は高速性能を実現するために，ドレイン，ソース部シリコン層およびポリシリコンゲート上に金属膜(ここでは Co コバルト)を装着したシリサイド構造トランジスタの断面を示したものである．図 4.21 は HBM サージがシリサイド構造トランジスタに流入した場合のサージ経路を示したものである．通常動作ではドレイン，ソース，ゲート領域上に金属化合物が形成され，高速動作が実現できる．しかし，HBM サージがドレイン端子に印加された場合，コンタクトから N^+ 拡散層を介し P 基板へ接合底面を通過するが，シリサイド構造トランジスタの場合，ESD サージはコンタクトから表面の金属化合物層のみを流れ，ドレインから P 基板に流れる接合断面積は非常に小さいものとなる．その結果，発熱領域は狭くなり，容易に熱的破壊する．しかもトランジスタのゲート幅を増大させてもブレークダウン動作面積は増加しないため，HBM 耐性値も向上しない．そこで，ドレイン上の金属化合物を除去し，シリサイド構造を通常の構造に戻し(シリサイドブロック構造)，HBM 耐性向上をはかることも考えられるが，HBM サージ応答性が遅くなるため，電源，GND 分割配線方式などでは内部回路を保護する能力が低下することを考慮しなけれ

4.4 デバイス構造と ESD 耐性

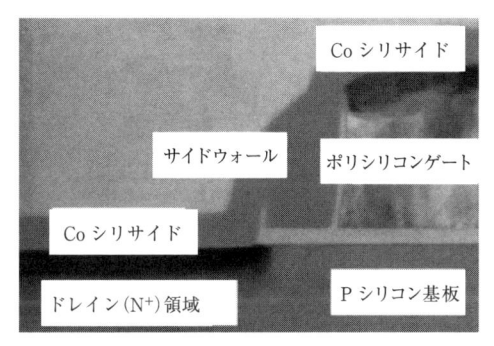

図 4.20 シリサイド構造トランジスタ断面

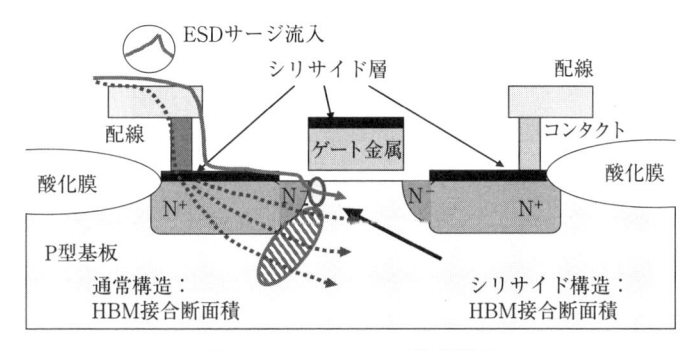

図 4.21 シリサイド構造断面

ばならない．

4.4.2　SOI 構造デバイスと新 ESD 保護設計手法

　高速，低電圧動作，極低消費化性能向上要求に対応し，SOI (Silicon On Insulator) 構造トランジスタの採用も実施された．SOI 構造デバイスの HBM 脆弱性原因と HBM 耐性確保新規 ESD 保護設計手法を紹介する．図 4.22 は FD-SOI (Fully Depleted Silicon On Insulator，完全空乏型) 構造デバイス断面図である．動作素子領域である SOI 層は，非常に薄いことが確認される．完全空乏化することによって低電圧動作が可能とし，周囲が酸化膜に覆われ，Si 支持基板からも埋込酸化膜で分離されているので素子寄生容量を低減でき，高

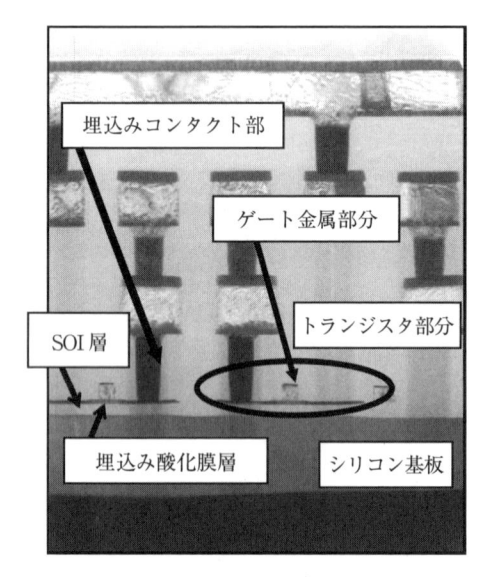

図4.22 FD-SOI 構造デバイス断面

速, 低消費性能を実現する.

ESDサージが流入すると, 熱伝導の悪い酸化膜に覆われているため, 薄いSOI層が温度上昇し, 容易にSOI層の溶断破壊となってしまう(図4.23)[3]. SOI層を厚くすることによってESD耐性を向上させようとすれば, 完全空乏型構造ではなくなり高速, 低消費性能を持てなくなる. したがって, FD-SOI構造デバイスは, 性能を確保しながら, ESD耐性を向上させようとすると, ESDサージが端子に流入してもブレークダウンしない保護回路が求められる. そこで考案されたのが, 図4.24に示されるC-Cタイマー回路[4]による電源間保護(Power Clamp)回路の採用である. Vssコモン, 出力端子に正極HBM印加の場合, NMOS出力トランジスタTr1がブレークダウン電位まで上昇しないようにHBMサージを流す経路を設計するのである. これがESDサージを流す経路設計の新たなESD保護設計手法の提案である. この保護設計手法を実施するためには, 各素子のESD-Eventに対I-V特性を各種ESD動作にあわせ測定し, ESDパラメータとして精度良く抽出することが重要である. ESD

4.4 デバイス構造と ESD 耐性

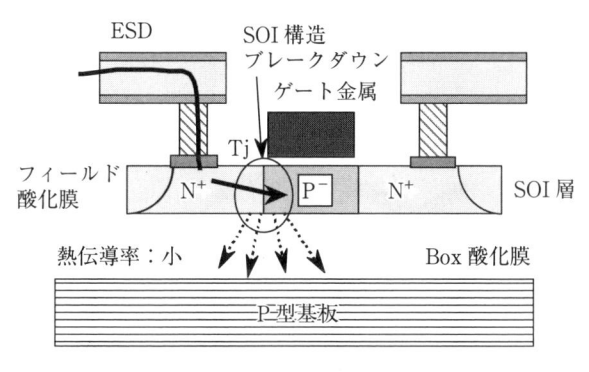

図 4.23　FD-SOI 構造デバイス ESD 発熱

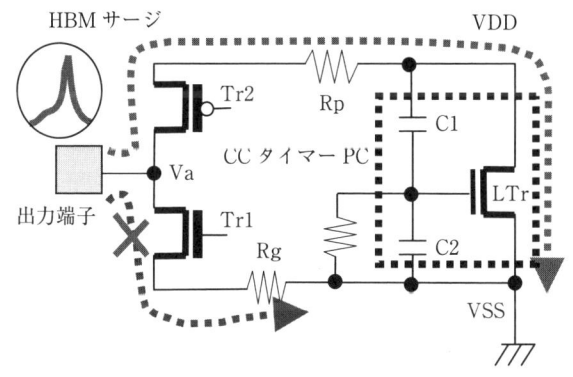

図 4.24　C-C タイマー PC 搭載 ESD 保護回路

パラメータ抽出するための IV 測定方法としては，TDR-TLP（Time Domain Reflection Transmission Line Pulsing Method）を用い，各 ESD Event に近い状態での特性を取得する（図 4.25）．

図 4.26 は ESD パラメータを用い，HBM：2kV 印加したときの各素子の電位変化シミュレーション結果である．HBM：2kV が図 4.24 に示される出力端子に印加されたときにも，PAD 電位は Tr1 のブレークダウン電位（14〜15V）まで上昇しないことが確認される．

さらに HBM：2kV 印加では，出力端子→Tr2（順方向動作）→Rp→LTr（ON

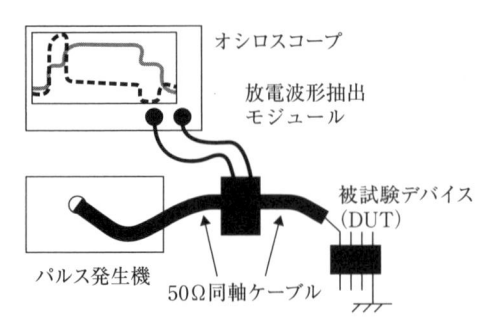

図 4.25　TDR-TLP 測定方法原理

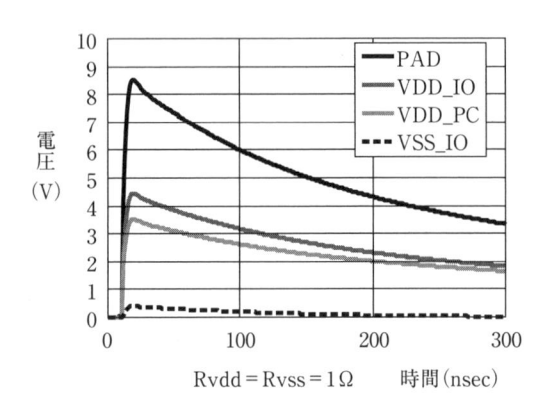

図 4.26　HBM 2kV 印加における各端子電位変化

電流)→ Vss と ESD サージは流れ，ESD 経路設計に成功したことになる．製品評価においても C-C タイマー PC 搭載によって HBM 耐圧：500V 未満から 2kV 以上に改良された．

4.4.3　ESD パラメータ抽出方法の問題点

HBM に対する ESD パラメータ抽出方法では，パルス幅 100nsecTLP 測定を実施し，反射波が後半時間領域における測定電圧値，測定電流値の各平均値から I-V 特性を出し，HBM-ESD パラメータを抽出している．これは，どの時間領域の電圧値，電流値を取ってもデバイス動作としては同じ I-V 特性となる

4.4 デバイス構造とESD耐性

ことが前提で，測定系反射などの影響が出にくいと思われるためである．ところがデバイス構造によって，反射波が帰ってきた直後のI-V特性がその後の安定領域でのI-V特性を示す場合がある．このような場合においては，時間領域毎のI-V特性を出し，ESD保護設計動作を検討する必要がある．これをLocation解析と呼ぶ[5]．

4.4.4　Location解析

NMOSトランジスタ逆方向特性TDR-TLP測定におけるESDパラメータ抽出時間位置を図4.27に示されるように取得し，各I-V特性を比較した．図4.28によれば反射波到達から直近時間領域(A：0～10nsec)におけるI-V特性は，以降の時間領域(B：20～30nsec / C：30～40nsec / D：40～50nsec)におけるI-V特性に比較してスナップバック抵抗が高いことが確認される．一般にはESDパラメータ抽出のLocation位置は，波形が安定したところを前提としているため，ブレークダウン発生，スナップバック動作が安定した領域でのI-V特性をESDパラメータとして抽出している．しかしながら，A領域のI-V特性がB～D領域のI-V特性と異なる場合，一般的抽出方法によるESDパラメータにてESD保護回路網を設計することは非常に危険である．図4.29は，

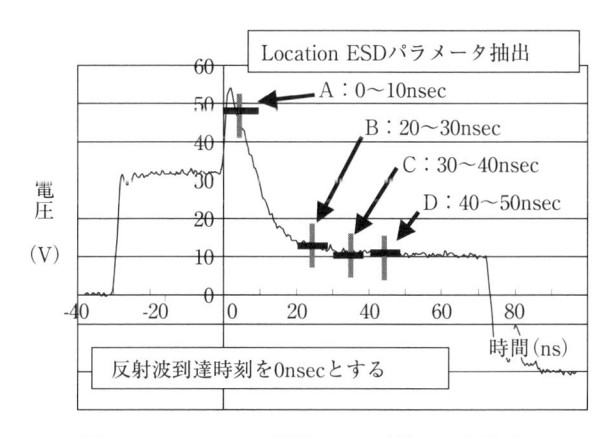

図4.27　Location解析ESDパラメータ抽出

第 4 章 静電気破壊現象

図 4.28　NMOS 逆方向特性の抽出

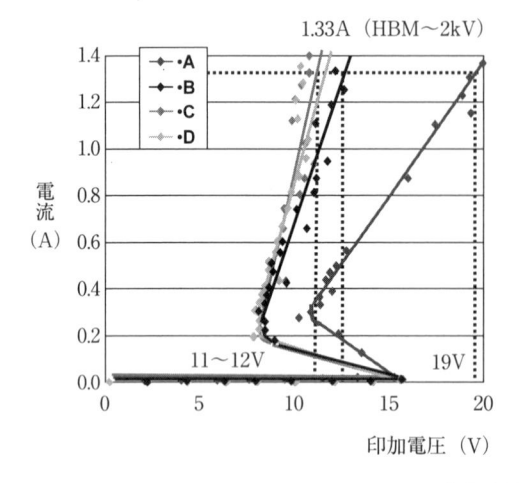

ESD パラメータの Location 解析
A：0〜10nsec 後の算出 I-V 特性
B：20〜30nsec 後の算出 I-V 特性
C：30〜40nsec 後の算出 I-V 特性
D：40〜50nsec 後の算出 I-V 特性

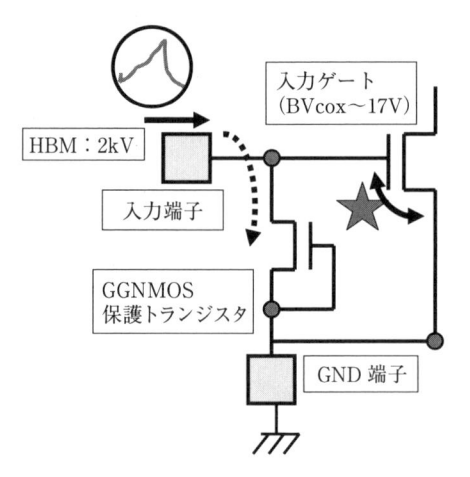

図 4.29　ESD 保護回路例

GGNMOS（Gate-Ground-NMOS）保護トランジスタを用いた ESD 入力保護回路例である．図 4.30 の B〜D の領域からの ESD パラメータを用いれば，入力端子に HBM=2kV のサージが流入しても，GGNMOS 保護トランジスタは破壊せず，入力ゲート電圧も膜破壊 17V には達せず，保護されることになる．

4.4 デバイス構造と ESD 耐性

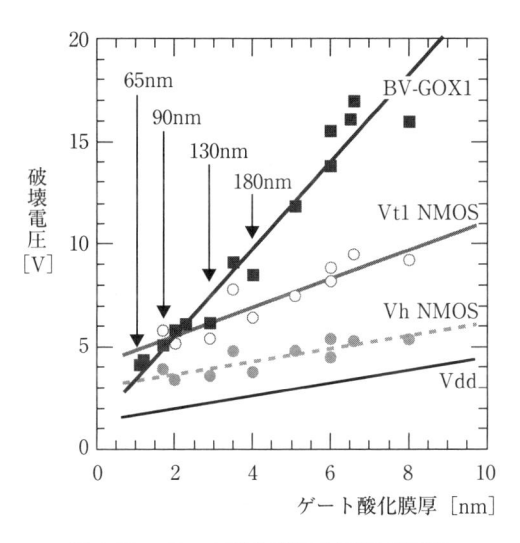

図 4.30 ゲート酸化膜厚と耐圧の関係

しかし，GGNMOS 保護トランジスタが A 領域の算出 I-V 特性からの ESD パラメータを用いると，HBM=2kV 印加において，HBM 試験装置によっては，入力ゲート電圧は 19V まで上昇，ゲート膜破壊を起すことになる．Location 解析によって安定動作時間領域と異なる特性を持つ素子においては，ESD 動作予測に対し非常に重要な意味を持ってくる場合があるので注意が必要である．

今後の動向として，さらなるゲート酸化膜薄膜化が進行する．図 4.30 をみると，90nm プロセスより NMOS-Vt1（ゲート接地ターンオン電圧）よりも BV-GOX1（ゲート破壊電圧）の方が低くなる．図 4.29 のような GGNMOS 保護トランジスタ設置では，ESD サージを GND 端子へ逃がす前に，保護トランジスタ自身のゲート酸化膜破壊を発生させてしまい，今後，保護回路の機能を持たなくなることを示している．この動向は CDM 耐性低下に最も顕著に表れることになる．CDM 耐性確保のためには，さらに精緻化した ESD パラメータを用い，パッケージの等価パラメータも含めた ESD モデルを構築した上で，Spice シミュレーションなどを用いた ESD 保護設計手法が必須となってくる

ものと思われる．ESD 保護設計はまさに各種 ESD サージの通過路，Path を設計する業務となってくる．

第 4 章の参考文献

[1] 福田保裕：「半導体デバイスの静電気対策」,『静電気学会誌』, Vol 29, pp.104-109, 2005 年．
[2] 福田保裕：「IC パッケージに帯電した静電気が IC を破壊」,『日経エレクトロニクス』, 4 月号, 1984 年．
[3] K. Kato and Y. Fukuda, "ESD Evaluation by TLP Method on Advanced Semiconductor Device", *EOS/ESD Symp.*, 01Sep. 2001.
[4] 福田保裕, 市川憲治：「ESD 保護設計手法ドレインド」, 第 17 回 EOS/ESD/EMC シンポジウム, 17E-04, 2007 年 11 月．
[5] Y. Fukuda, T. Yamada and M. Sawada, "ESD Parameter Extraction by TLP Measurement", *EOS/ESD Symp.*, 09 Sep. 2009.

第5章

故障解析

　故障解析の最終的な目的は，研究開発促進，歩留向上，信頼性向上，顧客満足度向上である．LSIの故障解析は他のデバイスや部品の故障解析とは異なる点が多い．複雑度が圧倒的に異なるからである．装置やシステムの故障解析とも異なる点が多い．寸法が桁違いに微細なためである．

　本章では，まず，故障解析の手順に沿って，全貌を見る．その後，故障解析技術・手法を5つの観点から分類して概説する．電気的評価，異常シグナル・異常応答利用，組成分析，形態・構造観察，加工，という観点である．さらに，最も技術的な側面が強い3つのステップ(チップの非破壊解析，半破壊解析，物理化学解析)についてより詳しく述べる．最後に，故障解析の具体的な事例をいくつか紹介し，最新の解析技術のトピックスを取り上げる．

5.1
故障解析概論

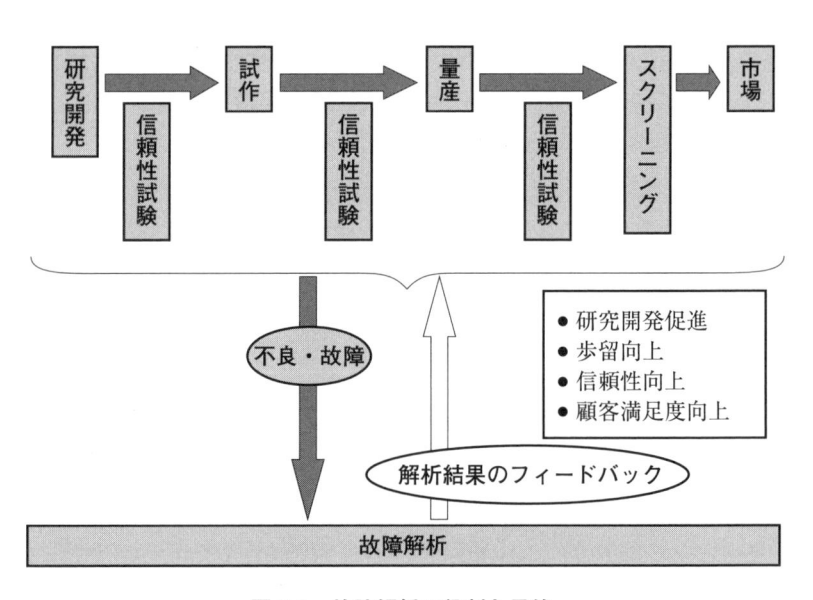

5.1.1 故障解析の役割と目的

故障解析の役割と目的を図示したのが図 5.1 である．

故障解析の目的は，**研究開発促進，歩留向上，信頼性向上，顧客満足度向上**である．これらの改善・改良のためのフィードバックがあってはじめて故障解析の結果が生きるのである．

不良・故障は，研究開発の初期の段階から試作・量産・スクリーニング・市場のどの段階においても発生する．製造工程中でも信頼性試験においても発生する．

研究開発段階での不良・故障品の故障解析結果は研究開発の促進に役立ち，試作段階での不良・故障品の故障解析結果は短納期での顧客への試作品提供な

図 5.1　故障解析の役割と目的

どに役立つ．量産段階での不良品の故障解析結果は歩留向上に貢献する．市場での故障品の故障解析結果は顧客満足度向上に貢献するとともに，信頼性予測，信頼性向上に役立つ．

このような直接のフィードバックだけではない．故障解析の結果はその不良・故障が発生した工程に直接フィードバックされるだけでなく，発生工程の上流工程にもフィードバックされる．例えば，試作時の信頼性試験で発生した故障品の故障解析の結果は，試作工程の条件や信頼性試験の条件にフィードバックされるだけでなく，試作時の回路設計・レイアウト設計，場合によっては研究開発工程にもフィードバックされる．

また，量産段階での信頼性試験での故障品の故障解析結果は，歩留向上に役立つだけでなく，市場での信頼性予測などに役立つ．市場で発生した不良・故障品の故障解析結果は，顧客満足度向上に貢献するだけでなく，研究開発・試作・量産・スクリーニング・信頼性試験などのすべての工程へフィードバックされる．さらには，顧客における実装条件や使用条件にもフィードバックされることで，総合的な顧客満足度向上に貢献する．

ここで述べたフィードバックの組合せは代表的な例であり，現実には故障解析結果はさらに多くの点にフィードバックされ，多くの場面で活用されている．

5.1.2 故障解析の手順

故障解析の手順の概要を図5.2に示す．

手順の基本は，全体から詳細へ，非破壊解析から破壊解析へ，である．同じ症状の故障品が多数ある場合は統計的な解析も有効であるが，ここでは統計的方法にはふれない．ここで示す手順はユーザにおいて発生した故障品を対象にしたものである．

[STEP1]　故障状況把握

故障品を入手するか入手することが決まったら，まず，故障状況の把握を行う．故障の症状（機能不良かタイミング不良かなど），故障した環境（実装工程

● ● 第 5 章 故障解析

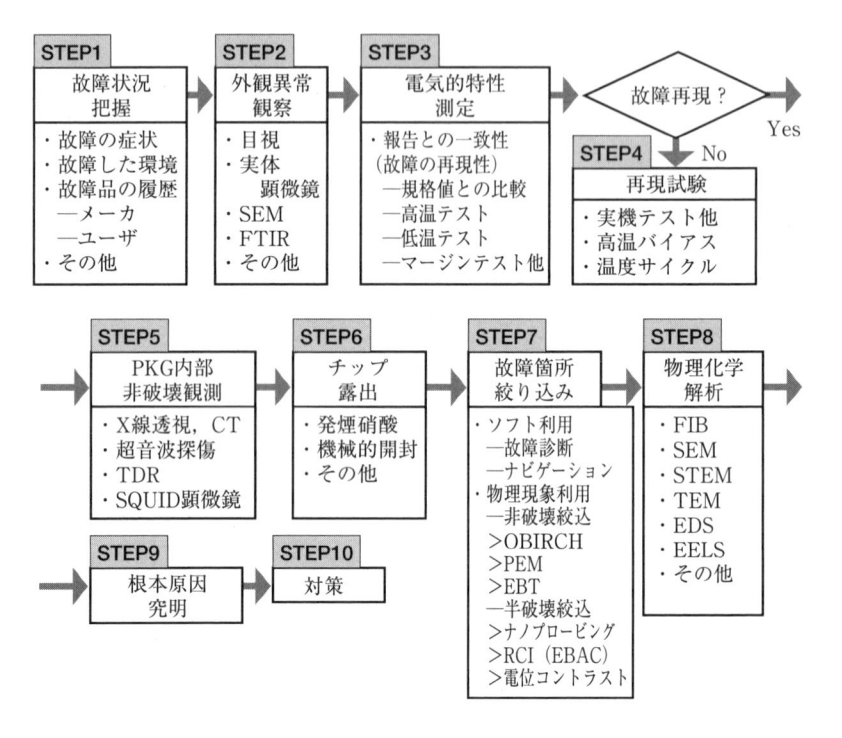

図 5.2 故障解析の手順の概要

かエンドユーザかなど)を把握するとともに，故障品の履歴の確認も行う．メーカでの履歴(ロット，スクリーニング結果，出荷検査結果など)だけでなく，ユーザでの履歴(実装時の検査結果，手直し履歴，市場での使用時間など)の確認も行う．通常このような情報がすべてそろうわけではないが，できる限りの情報を収集し状況を把握しておくことが，後の現物での故障解析の際に役立つ．

[STEP2] **外観異常観察**

現物を対象とした解析はまず，外観の異常がないか，目視や実体顕微鏡で観察することから始める．傷，クラック，腐食やその痕跡，異物の付着やその痕跡などの外観異常の有無を観察し，外観異常があった場合は，報告された症状との関係を考察する．異常があり報告された症状と対応がとれる可能性が高い

場合には，異常個所を **SEM**(Scanning Electron Microscope，走査電子顕微鏡)などで拡大観察したり，**FTIR**(フーリエ変換利用赤外分光法)や **EDS**(Energy Dispersive X-ray Spectrometry，エネルギー分散型 X 線分光法，**EDX** とも略す)で分子や元素の同定を行ったりする．

[STEP3] 電気的特性測定

　外観異常の有無を観察した後は，電気的特性の測定を行う．STEP2 と STEP3 は前後したり，並行して行うこともある．電気的特性の測定では，まず報告された症状と一致しているかを確認する．また規格値とも比較する．報告された症状と一致しない場合は，高温や低温でテストしたり，電源電圧や周波数を振って測定したり(マージンテスト)する．

[STEP4] 再現試験

　これら一連の再現性確認の結果，故障の症状が再現されない場合には，テスタビリティ不足(LSI テスタでのテストで故障箇所を活性化できていないか，活性化できても観測できていない)の場合と，故障が物理的に回復した場合がある．テスタビリティ不足の場合には，テスタビリティを向上させた他のテスト(例えば，**IDDQ** テスト)を実施するか，実機でのテストか実機をシミュレートしたテストが必要になる．また，故障が物理的に回復した可能性がある場合には高温バイアス試験や温度サイクル試験を行って故障を物理的に再現させる必要がある．

[STEP5] パッケージ内部非破壊観測

　故障が再現したら，パッケージ(PKG)内部を非破壊で観測する．X 線透視，**X 線 CT**(Computer Tomography，コンピュータ断層撮影)，超音波探傷法などで，形状の異常や剥離・空隙の有無を観測する．また，**TDR**(Time Domain Reflectometry)で断線位置やショート位置を推定する．ショート不良の場合には**走査 SQUID 顕微鏡**でショート位置を絞り込む場合もある．パッケージ部に異常が見つかった場合は，研磨などで異常部に接近し，光学顕微鏡や **SEM** での観察や **EDS** による元素同定を行うなどする．

[STEP6] チップ露出

パッケージ部に異常が確認されず，チップ部の故障である可能性が大きい場合には，チップ部を露出する．プラスチックパッケージの場合には発煙硝酸などでチップを露出させたい箇所の樹脂のみを溶かし，チップ裏面またはチップ表面を露出させる．セラミックパッケージや金属パッケージの場合には機械的に蓋を外したり切断したりしてチップを露出させる．チップを剥がす必要がある場合もある．チップを剥がしボンディング部も剥がした場合には再ボンディングを行う．

[STEP7] 故障箇所絞込み

いよいよチップ部の故障解析に入る．まず，チップ全体のどの付近に故障の原因となった欠陥があるかを非破壊で絞り込む．非破壊で絞り込む方法にはソフトを利用する方法と物理的現象を利用する方法がある．

ソフトを利用する方法はLSIテスタでの測定結果とソフトのみで故障箇所を絞り込む方法と，物理現象を利用する際の補助的手段としてナビゲーション的に利用する方法がある．

LSIテスタでの測定結果とソフトのみで故障箇所を絞り込む方法は**故障診断法**と呼ばれ，LSIテスタでのテスト結果とLSIの設計データを利用してソフトウェアを用いて(故障辞書を用いたり，異常信号を遡ったりして)故障箇所を絞り込む．

ナビゲーション的方法にはLSI設計の際に使用したレイアウトデータのみを利用するものと回路データも併用するものがある．最もシンプルなものは観測箇所とレイアウトや回路との対応をとるものである．より高度なものとしては，**EBT**(電子ビームテスタ，EBテスタ)で故障箇所を絞り込む際に次に観測すべき箇所を指示するものや，**PEM**(Photo Emission Microscope，(光)エミッション顕微鏡法)での多数の発光箇所や**OBIRCH**(Optical Beam Induced Resistance Change，光ビーム加熱抵抗変動)法での多数の反応箇所から共通の配線経路を探したり，故障診断との対応を示したりするものもある．

故障診断法で，ある一ヵ所に絞り込めることは稀で，良くてもある配線とそ

れと等電位の箇所に絞り込める程度である．多くの場合は複数箇所が候補としてあがる．最近では，従来と比べると故障診断を利用する場合が増えた．そのほとんどの場合，故障診断後に候補としてあがった箇所を対象に物理現象を利用した絞込みを行う必要がある．

物理的現象を利用した非破壊絞込み法にはレーザビーム加熱による異常応答をみる **OBIRCH 法**，微弱な発光をみる **エミッション顕微鏡法**，電位を直接観測する **EB テスタ法** などがある．

上述の方法を用いても局所的には，十分絞り込めない場合も多く，その対策として最近利用頻度が増えているのが半破壊絞込み法である．上述の方法である程度絞り込んだ後に，配線層部の一部または全部を研磨などで取り除いてから（その個所は破壊されるので半破壊）使われる場合が多い．ここでは3種類の方法について簡単に述べる．

1つ目は，極微小な先端をもつ金属のプローブで微小電極部を探針し電気的特性を測定する方法で，**ナノプロービング** などと呼ばれている．**SEM** をベースにしたものと **SPM**（Scanning Probe Microscope，走査プローブ顕微鏡）をベースにしたものがある．

2つ目と3つ目は，**SEM** をベースにした方法である．

2つ目の **RCI**（Resistive Contrast Imaging）法あるいは **EBAC**（Electron Beam Absorbed Current，吸収電流）法と呼ばれる方法は電子ビームを照射した際に配線に流れる電流の経路が欠陥（断線やショートなど）の存在で変わる様子を像で表示するものである．

3つ目は **電位コントラスト**（Voltage Contrast，**VC**）法である．SEM像のコントラストが電位に依存することを利用して断線・高抵抗・ショートなどの箇所を検出する方法である．

[STEP8]　**物理化学解析**

絞込み法で故障の原因となる欠陥の位置が絞り込めたら，その箇所を **FIB** などで断面出ししたり，切り出したりした後，物理化学的解析を行う．**SEM**，**STEM**（走査型 TEM），**TEM** で観察を行い，それらに付属した **EDS** や **EELS**

(Electron Energy Loss Spectroscopy，電子線エネルギー損失分光法，イールス)で元素分析などを行い，欠陥の素性を明らかにする．

[STEP9] 根本原因究明

欠陥の素性が物理化学的に解明された後は，そのような欠陥がその場所に存在することとなった根本的原因を究明する．根本原因究明のためには，製造プロセスの条件を振った再現実験や，製造装置の条件や履歴の洗い出しなどSTEP8以前の段階より多くの時間と工数が必要な場合も多い．

[STEP10] 対策

根本原因がわかれば，再発防止策や，未然防止策を立てることができる．設計起因の場合，製造起因の場合，使用条件起因の場合など，その波及範囲は根本原因ごとに異なる．故障解析結果を有効に活用するためにも最後のステップである対策まで確実に行うことが重要である．

5.1.3 故障解析技術・手法の分類

本項では故障解析技術を機能ごとに分類して概観する．故障解析技術を基本的機能から分類すると，電気的評価法，異常シグナル・異常応答利用法，組成分析法，形態・構造観察法，加工法などに分けられる．以下ではこれらの機能ごとにみていく．その際，「どのような物理的手段を利用しているか」にも着目して整理する．

(1) 電気的評価法

電気的評価法や装置について，表5.1を参照しながら概観する．表5.1には電気的評価法そのものだけでなく，特別に重要なものは電気的評価を行う際の補助手段も示してある．なお，＊が付いたものは開発段階または未普及のものである．

最初の4つはパッケージのリード部またはパッドなどへの探針を通して電気的特性を評価する際に利用できるものである．カーブトレーサーは2～4端子で主にDC的な電流・電圧特性を測定するのに用いる．LSIテスタは，多数の

5.1 故障解析概論

表5.1 電気的評価法・装置一覧

手法または装置		機能	物理的手段		
			LSIへの入力	観測対象	LSIからの出力
PKG端子,パッドを通した電気的測定	カーブトレーサ	電流・電圧特性測定	電気信号	電位・電流	電気信号
	LSIテスタ	広範な電気的特性測定	電気信号	電位・電流	電気信号
	オシロスコープ	電流・電圧の時間的変化測定	電気信号	電位・電流	電気信号
	スペクトルアナライザ	信号の周波数成分の観測	電気信号	電位	電気信号
固体探針(ナノプロービング)	微細金属探針	微小部位の電気的特性測定用探針	電気信号	電位・電流	電気信号
	SPM	電位・電流観測	電気信号	電位・電流	電気信号
電位コントラストなど	SEM	電位観測(電位コントラスト利用)	電気信号・電子ビーム	電位	2次電子
		電気的導通性観測(電流注入,吸収電流など利用)	電子ビーム	抵抗値	電流・電圧
		微細金属探針の位置制御用観測	電子ビーム	形状・電位	2次電子
	FIB	電位観測(電位コントラスト利用,帯電防止)	電気信号・イオンビーム	電位	2次電子
	EBT	電位観測(電位コントラスト利用),動的観測も可	電気信号・電子ビーム	電位	2次電子
電流経路観測	IR-OBIRCH	DC的電流経路観測	電気信号・レーザビーム	電流	電流・電圧変化
	走査SQUID顕微鏡	電流経路観測	電流	電流	磁場
外部からの電気的接触不要	走査レーザSQUID顕微鏡*	電気的導通性など観測(光電流利用)	レーザビーム	光電流	磁場
	レーザテラヘルツ放射顕微鏡*	電気的導通性など観測(光電流利用)	フェムト秒レーザビーム	光電流	THz電磁波

*開発段階または未普及のもの

端子からプログラムに従ってテストパターンを入力し,その結果出力される信号を期待値と比較したり,電源電流の変化を測定したりすることでLSIの機能を測定するのに用いられる.オシロスコープは,LSIの1〜2端子の動的な

信号波形を観測するのに用いられる．スペクトルアナライザは信号の周波数成分を観測するのに用いられる．

その下の**微細金属探針**と**SPM**（走査プローブ顕微鏡）は上記4つあるいはある目的に特化した測定手段による電気的測定をLSIチップ上の電極から取り出して行う際に用いる．微細金属探針の場合はその位置制御は**SEM**中（真空中）で行うが，SPMの場合の位置制御は大気中で行う．

次の**SEM**は，主に3つの機能が用いられている．まず，2次電子を利用した電位コントラストを観測することで電位を観測する機能．次は電子ビームによる電流注入を利用して吸収電流（試料を通してGNDに流れ込む電流）や金属探針に流れ込む電流を観測することで注入電流の分岐状態（すなわち抵抗値の分布）を観測する機能．最後は金属微細探針の位置制御のための観察機能である．

FIBは2次電子を観測することで電位コントラストを得る機能と，観測している途中で帯電により電位コントラストが不鮮明になった際に加工することでチャージを逃がす機能が用いられている．

その下の**EBT**（電子ビームテスター）は**SEM**の電位コントラスト機能を進化させたものであり，静的な電位観測だけでなく**ストロボ法**を利用した動的な電位観測も可能である．

次の2つは電流経路を可視化する機能がある．**IR-OBIRCH**法はサブミクロンの分解能でDC的電流経路を可視化する機能があるのでLSIチップ上での観測に用いられる．**走査SQUID顕微鏡**は数十μmの分解能なので，パッケージ部の電流経路の可視化に主に用いられる．

次の2つは現在開発中のものであり，外部からの電極の接触が不要な電気的観測法である．ともにレーザビームでLSIチップ中に光電流を発生させる．**走査レーザSQUID顕微鏡**は光電流で発生した磁場を超高感度の磁束計であるSQUID磁束計で検出する．**レーザテラヘルツ放射顕微鏡**は光電流で発生した**THz電磁波**を専用のアンテナで検出する．THz電磁波を発生させるためにレーザはフェムト秒レーザを用いる．LSIチップ上の断線やショートが磁場や

THz 電磁波の発生を変化させるため，絞込みに利用できる可能性が示されている．

(2) 異常シグナル・異常応答利用法

次に表5.2を参照して，異常シグナルや異常応答を利用する方法や装置について説明する．

まず，異常シグナルの1つである発光に関しては静的な検出を行う**エミッション顕微鏡**（**PEM**）と動的な検出を行う**時間分解エミッション顕微鏡**（**TREM**）がある．PEMでは酸化膜リーク部などでの発光を観測することでリーク個所などの検出ができる．TREMを使うと回路動作にともなうMOSトランジスタのドレイン部からの発光を動的に観測することで，信号伝播の動的な観測ができる．電流経路を観測するIR-OBIRCH法と電気信号を観測するEBテスタ法については前の分類（(1)）で説明した．

異常発熱の観測には主に3つの方法が使われる．**液晶塗布法**はLSIチップ上に塗布した液晶の温度相転移を偏光顕微鏡で観察することで，発熱箇所（その上部の液晶は液相に転移している）が見分けられる．あとの2つは赤外像を観測するもので，温度分布観測用に開発された**赤外熱顕微鏡**を用いる方法と上述の**PEM**を用いる方法がある．PEMでも赤外域まで高感度のものを用いると感度よく観測できる．

異常応答を利用する方法には光加熱に対する応答を利用する方法（**OBIRCH, IR-OBIRCH, SDL**（Soft Defect Localization））と光電流に対する応答を利用する方法（**OBIC, IR-OBIC, LADA**（Laser Assisted Device Alteration））がある．前者では光電流が発生しない波長（1.3 μm）の光が用いられ，後者では光電流が発生する波長（1.06 μm など）の光が用いられる．

静的な光加熱を用いる方法には**OBIRCH**（赤外線を用いた**IR-OBIRCH**と可視光を用いたOBIRCHを含む）法が用いられるが，配線部のみで構成されるTEGを観測するとき以外はIR-OBIRCH法が用いられる．OBIRCH法およびIR-OBIRCH法は表5.1で電流経路を観測する手段として紹介したが，それ以

第5章 故障解析

表 5.2 異常シグナル・異常応答利用法・装置一覧

利用する異常シグナル・異常応答				手法または装置	検出可能な欠陥	LSIへの入力	物理的手段 観測対象	LSIからの出力
異常シグナル	発光	静的		PEM	酸化膜リークなど	電気信号	キャリア再結合などでの発光	光
		動的		TREM	タイミングに関わる各種欠陥	動的電気信号	ドレイン部の発光	光
	電気信号	電流経路		IR-OBIRCH	IDDQ異常の原因欠陥など	電気信号	2端子間の電流経路	電流・電圧変化
		電気信号		EBテスタ	電気信号異常を起こすすべての欠陥	電気信号	配線電位	2次電子
	発熱			液晶塗布法	ショートなど	電気信号・偏光	液晶の温度相転移	偏光
				赤外線顕微鏡	ショートなど	電気信号	熱放射	赤外光
				PEM	ショートなど	電気信号	熱放射	赤外光
異常応答	チップ	静的	熱伝導異常 温度特性異常 配線	OBIRCH (含む IR-OBIRCH)	ボイドなど	電圧・電流、レーザビーム (波長633, 1.3μmなど)	異常温度上昇	電流・電圧変動
			トランジスタ		高抵抗・ショートなど		抵抗値の温度係数	電流・電圧変動
			回路				トランジスタの温度特性	電流・電圧変動
							回路の温度特性	電流・電圧変動
			熱起電力障壁異常	IR-OBIRCH	ショートなど	電圧・電流、レーザビーム (波長1.3μm)	熱起電力	電流・電圧変動
			ショットキー障壁異常		断線・高抵抗など		内部光電効果	電流・電圧変動
		動的	電界異常	OBIC (含む IR-OBIC)	ショート・断線など	電圧・電流、レーザビーム (波長1.06μmなど)	光電流	電流・電圧変動
			温度に対するマージナル不良	SDL	ボイド、ソフトリークなど	電気の信号、レーザビーム (波長1.3μmなど)	温度特性	電気信号
			光電流に対するマージナル不良	LADA*	マージナルな不良に影響する欠陥	電気の信号、レーザビーム (波長1.06μmなど)	光電流による特性変動	電気信号
	PKG		PKG内壁への異物衝突による超音波発生	PIND	中空PKG内異物	振動	衝突による超音波発生	超音波
			PKG系の断線・ショート	TDR	PKG系断線・ショート	高周波	高周波の反射	高周波

* 開発段階または未普及のもの

外にこの表に示すように多くの利用法がある．すなわち，配線中のボイドの存在などによる熱伝導異常，配線・トランジスタ・回路の温度特性異常，配線断線・高抵抗による熱起電力異常，金属とSiの接触によるショットキー障壁異常発生などを検出するために利用できる．

静的方法の最後は光電流を利用し電界異常個所の検出を行うOBIC法である．電界異常の原因であるショートや断線の検出も可能である．

動的に光加熱を利用する方法には**RIL**(Resistive Interconnection Localization)または**SDL**(Soft Defect Localization)と呼ばれる方法がある．ともに道具立ては同じであるが目的（あるいは結果）により名前を呼び分けている．ただ，SDLのほうが概念的に広く，高抵抗個所，絶縁膜のリーク，タイミングマージンなどソフトな欠陥を絞り込むという概念なので，本書ではSDLという呼び方を主に使う．レーザビームをLSIチップ上で走査させながら，LSIテスタでの良否判定結果を，レーザビームの位置に対応させて，白黒（あるいは疑似カラー）で像表示する（口絵 図5.19参照）．

動的に光電流を利用する方法は**LADA**(Laser Assisted Device Alteration)と呼ばれている．光電流による特性変動に対する耐性をみる．

以上はすべてLSIチップ部の故障解析法であったが，最後の2つはパッケージ(PKG)系の解析法である．1つ目は中空パッケージ（セラミックPKGや金属PKG)内の異物を検出する**PIND**(Particle Impact Noise Detection)と呼ばれる方法である．PKGを振動させ超音波を検出することで内部に浮遊異物があると検出できる．2つ目は**TDR**(Time Domain Reflectometry)と呼ばれる方法で，高周波パルスの反射を観測することで，断線個所やショート個所の位置を距離で推定する．

(3) 組成分析法

表5.3に組成分析法または分析装置の一覧表を示す．専用機でない場合はベースになる装置名も示す．機能の概要を示すとともに，試料に入射するもの，観測の対象となるもの，試料から出力されるものも示す．

第5章　故障解析

表5.3　組成分析法・装置一覧

手法または装置	ベースになる装置	機能	物理的手段			最高空間分解能
			試料への入力	観測対象	試料からの出力	
EDS (EDX)	SEM, TEM, STEM	元素同定	電子ビーム	原子組成	特性X線	～nm
EELS	TEM, STEM	元素同定，状態分析	電子ビーム	原子組成・化学結合状態	非弾性散乱電子	～nm
AES	専用機	元素同定：極表面	電子ビーム	原子組成	オージェ電子	～100nm
SIMS	専用機	元素，分子同定：極表面，深さ方向	イオンビーム	原子組成・分子組成	2次イオン	～100nm
3D-AP*	専用機	元素同定：3次元	電界・レーザ	原子組成	電界蒸発イオン	～nm
顕微FTIR	専用機	分子同定	赤外光	分子組成	吸収光	～μm

*開発段階または未普及のもの

以下，順に説明する．

組成分析法で最もよく用いられるのが最初の **EDS** である．**SEM**，**TEM** または **STEM** に付属して用いられる．電子ビームを入射した際に発生する**特性X線**のスペクトルをエネルギー分散法で取得し，元素固有のピークを探すことで，元素組成がわかる．

次に示す **EELS** は近年実用化された方法である．透過電子のエネルギー損失をスペクトルとしてみることで，元素同定ができるだけでなく状態分析もできる（例えば，Si と SiO と SiN の違いなども識別できる）．

AES（Auger Electron Spectroscopy，**オージェ電子分光法**）は古くから使われている方法である．電子ビームを照射した際に発生するオージェ電子のスペクトルから元素同定を行う．オージェ電子が試料外に出てくる領域が浅いため，ごく表面の分析が可能である．Ar イオンなどでスパッタリングしながら測定することで深さ方向の分析もできる．

SIMS（Secondary Ion Mass Spectroscopy，**2次イオン質量分析法**）も極表面の分析が可能である．イオンビームを照射した際に弾き出される2次イオンのスペクトルを解析することで元素や分子の同定ができる．スパッタしながら測

定することで深さ方向の分析もできる．

次にあげた **3D-AP**（3次元アトムプローブ）では試料を微細な針状に加工し，針の先端にかけた電界でイオンが蒸発するのを捉え，元素同定を3次元的に行う．金属が対象の場合には実用化に近い域に達しているが，絶縁膜や半導体を含むものに対してはパルスレーザを補助的に用いる方法で，実用化に向けて開発が行われている段階である（5.5.2項(2)参照）．

最後にあげた **顕微 FTIR** は赤外光の分子での吸収を利用するもので，分解能が高くないためチップ部ではなく PKG 部の異物などの分子同定に利用されている．

それぞれの手法の最高空間分解能の値を右端の欄に示した．観測条件だけでなくサンプルの種類や形態によっても異なるので目安としてみていただきたい．

(4) 形態・構造観察法

表 5.4 に形態や構造を観察する方法・装置を一覧で示す．

最初の3つが可視光を利用する方法である．**実体顕微鏡** と **金属顕微鏡** は通常の可視光を利用し試料の形状や色で異常を識別する．可視レーザを試料に走査しながら照射し，反射光をフォトダイオードで検出し像を得るのが **共焦点レーザ走査顕微鏡**（LSM）である．実体顕微鏡は分解能が低いが立体的観察ができるので，PKG 部の観察に用いられる．金属顕微鏡と LSM は分解能が高いのでチップ部の観察に用いられる．なお，**共焦点方式** では共焦点（反射光が焦点を結ぶ位置）の直後に光検出器を置くことで，迷光の検出を防ぐなどして高分解能かつ高 SN 比の像を得ている．

次の2つは赤外光を用いる方法でチップ裏面からの観測が可能である．特に，**共焦点赤外レーザ走査顕微鏡**（IR-LSM）は **IR-OBIRCH** 技術のベースになる装置として広く用いられている．最近では **エミッション顕微鏡** のベースになる装置としても用いられている．

次の4つは電子ビームを照射し形状や構造を観測するものである．**SEM** は電子ビーム走査時に発生する2次電子を検出して像を得る．**EBSP** または

表5.4 形態・構造観察法・装置一覧

手法または装置	機能	物理的手段		
		試料への入力	観測対象	試料からの出力
実体顕微鏡	PKG部の観察	可視光	形状・色	可視光
金属顕微鏡	チップ部の観察			
共焦点レーザ走査顕微鏡		可視レーザ	形状	
赤外顕微鏡	チップ裏面からの観察	赤外光		赤外光
共焦点赤外レーザ走査顕微鏡		赤外レーザ		
SEM	PKG・チップ部の観察	電子ビーム		2次電子
EBSP（EBSD）	結晶構造観察（SEMベース）		結晶構造	反射電子
TEM	チップ部の観察		形状・結晶構造	透過電子
STEM			形状	
SIM		イオンビーム	形状・結晶構造	2次電子
ナノレベルX線CT*	チップ内部の非破壊観察	X線	形状	透過X線
X線透視法	PKG内部の非破壊観察			
X線CT				
超音波探傷法		超音波	形状・剥離	反射超音波

＊開発段階または未普及のもの

EBSD（Electron Backscatter Diffraction Pattern）は電子ビーム照射時に反射電子から得られる情報を元に照射点ごとの結晶方位を同定し，マッピングする方法である．**TEM**と**STEM**は透過電子を利用するが，**TEM**では光学像と同様の結像原理で形状の情報が得られるだけでなく，電子線回折による結晶構造の情報も得られる．**STEM**では細く絞って電子ビームを走査するため回折による情報を含まない形状や組成を反映した像が得られる．近年，形状のみを高空間分解能観察する目的での観測が多いため，**STEM**専用機も多く使われるようになってきている．また，X線CTと同様の原理で**TEM**像をCTで3次元化して観察することも行われている．

　SIMは**FIB**装置の観測機能である．イオンビームを照射した際発生する2次電子（や2次イオン）をベースに走査像を得る．電子ビームによる像（**SEM**

像)に比べ，結晶構造や物質差を反映したコントラストが強く得られる．

最近数十 nm オーダーの **X 線 CT**(コンピュータ断層撮影)が開発され，チップの解析に使える可能性がでてきている．

以上は(最初の実体顕微鏡を除くと) LSI チップ観察用の手法であったが，以下に PKG 内部を非破壊で観察する方法についてみる．

まず，X 線を使う方法は通常の **X 線透視法**と **X 線 CT 法**がある．通常の X 線透視法では影になって見えない異常も X 線 CT で 3 次元的に観察することで，異常部を見逃す確率が減る．

次の**超音波探傷法**(走査型超音波顕微鏡法の低周波のもの)は，超音波を走査しながら反射してきた超音波を像にして観察する方法である．超音波が固体と気体の界面で反射する際，位相が反転する現象により剥離やクラックが有効に検出できる．

(5) 加工法

故障解析を実施する際，ほとんどの場合はなんらかの加工を行う必要がある．表 5.5 に主に使われる加工法・装置を一覧で示す．

最初の 3 つが PKG 部の加工に関するものである．PKG 部に異常がありそう

表 5.5 加工法・装置一覧

機能	手法または装置	使用薬品材料など	利用する現象
PKG の切断・研磨	切断機・マニュアル研磨	研磨剤など	機械的研磨など
樹脂封止 PKG の開封	マニュアル開封・自動開封	発煙硝酸など	化学的分解反応
気密封止 PKG の開封	マニュアル開封・自動開封	ニッパー・グラインダーなど	機械的変形・研磨など
チップの平面・断面研削・研磨	マニュアル・研削／研磨機	研磨剤など	機械的研磨など
	FIB 利用	Ga イオン源など	イオンスパッタリングなど
チップ上の絶縁膜除去	RIE	SF_6 など	物理化学的プラズマエッチング
チップ上回路修正	FIB 利用	アシストガスなど	金属・絶縁膜デポ

な場合はPKGの切断や研磨を行う．樹脂に埋め込むなどして周囲を固め，切断により観測したい近傍まで接近し，詳細な位置出しは研磨により行う．

　チップ部の観測を行う際にチップの表面か裏面を露出するためにはPKGの開封（一部除去）を行う．樹脂封止PKGの場合は発煙硝酸や熱濃硫酸あるいはその混合液などで樹脂を溶かすことでチップ部を露出させる．セラミックPKGや金属PKGの場合は，蓋になっているセラミックや金属を機械的にニッパーやグラインダを用いて剥がす．

　チップ部の欠陥に接近するには，平面研削・研磨や断面研削・研磨を行う．

　研削・研磨器を用いて行う場合は研磨剤の荒さを徐々に細かくしながら，顕微鏡下で確認し，実施する．

　FIB装置を用いる場合もイオンビームの太さを徐々に細くしながら，最終仕上げまでもっていく．

　チップ上で絶縁膜だけ除去したい場合は**RIE**（反応性イオンエッチ）法が用いられる．

　チップ上の回路の修正は電気的に観測するための電極を取り出したり，故障を修復したりするために行う．FIBはミリング（削る，掘る）に用いられるだけでなく堆積にも用いられる．各種アシストガスを吹きつけながらFIBを照射することで金属膜や絶縁膜の堆積を行う．

5.2

非破壊解析

　この節では，5.1.2項で示したステップの内STEP7の中の物理現象を利用した非破壊絞込み手法に的を絞って解説する．発光や発熱といった物理的な現象を利用して，非破壊で故障箇所を絞り込むステップである．非破壊で故障箇所を絞り込むための戦術としては，5.1.3項の分類(2)で紹介した，異常シグナルや異常応答を利用する場合が多い．

　LSIチップ上で異常シグナルを検出し，故障箇所を絞り込む場合の代表例を

5.2 非破壊解析

図 5.3 に示す．異常発熱，異常発光，異常電位，異常電流の 4 種類の異常シグナルが使われることが多い．

図 5.3 中央のチップ左上に示す異常発熱箇所は，以前は**液晶法**で検出される場合が多かった．液晶法とは，LSI チップ上に液晶を塗布し，偏光顕微鏡で観測することにより，チップの発熱箇所上の液晶が液体になる様子を偏光により観測することで発熱箇所を検出する方法である．現在では，多層配線化が進むことで，液晶法が適用できる場合が減ってきている．LSI チップ裏面からでも観測可能な，**エミッション顕微鏡**で赤外域まで検出できる検出器を装備した装置や，**サーモビューア**（**赤外熱顕微鏡**）のように赤外域のみを検出する装置などで検出することが増えてきている．また，発熱の原因はショートであることが多いため，後で述べる IR-OBIRCH 法を用いても検出できる場合が多い．

図 5.3 中央のチップ左に示す異常発光は，高感度で極微弱な光を検出できる

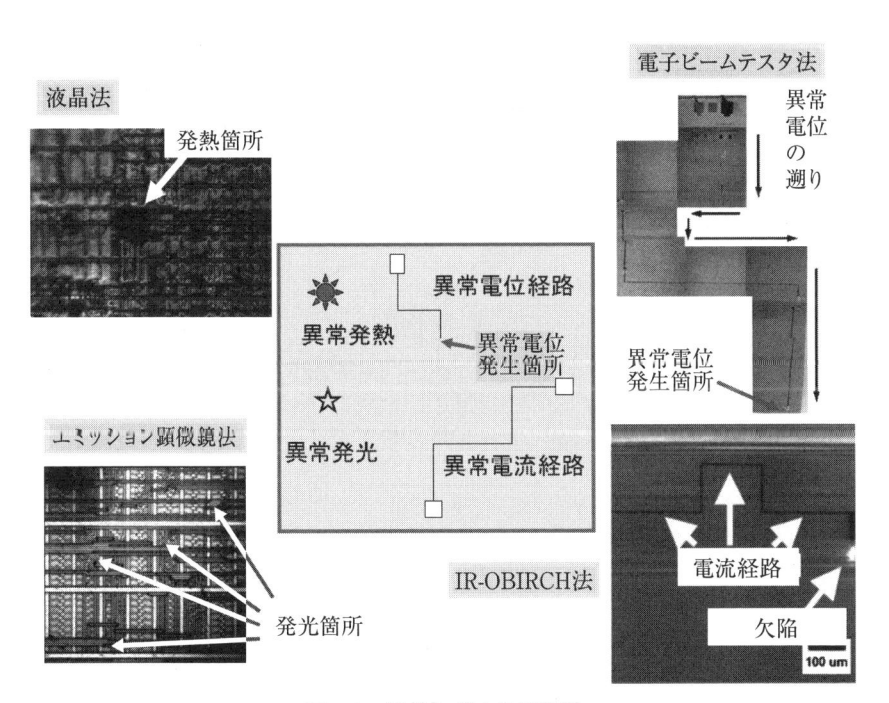

図 5.3 異常シグナル利用法

エミッション顕微鏡で観測する．赤外域まで高感度で検出できるエミッション顕微鏡を用いれば，キャリアに関連した発光だけでなく，熱放射も検出できる．

図 5.3 中央のチップ右上に示した異常電位経路追跡は，そもそも「故障」は電位の異常であることから，最もオーソドックスな方法である．これに用いられる**電子ビームテスタ（EB テスタ）**も，液晶法とともに古くから用いられている方法であるが，配線の多層化の進展により適用できる場合が減ってきている．

図 5.3 中央のチップ右下に示した異常電流経路の追跡は，**IR-OBIRCH** 法で行える．

図 5.4 に異常応答を利用する主な例を示す．レーザビーム加熱に対する異常応答を利用する場合が多い．装置としては **IR-OBIRCH** 装置を用いる．

異常な **TCR**（抵抗の温度係数）を示す配線の一部やビアの一部は，故障の結果高抵抗となった箇所であることが多い．そのような箇所の多くは**遷移金属の合金**で，なおかつ抵抗が高い箇所である．**遷移金属の合金**の性質として，

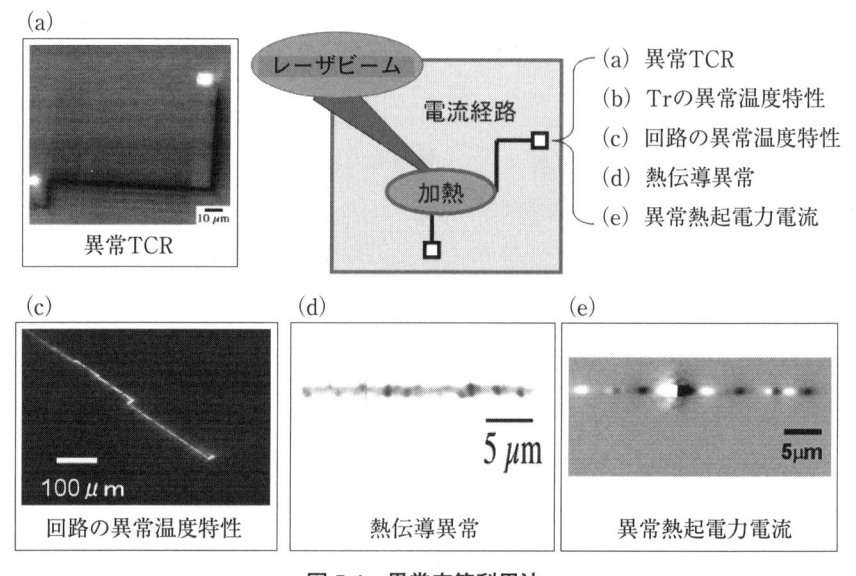

図 5.4　異常応答利用法

抵抗率とTCRは負の相関を示し，抵抗率が$100 \sim 200 \mu \Omega \cdot cm$以上では負のTCRを示す．図中(a)の写真の暗いコントラストの箇所は電流経路であるが，明るいコントラストの箇所はFIBにより人工的に短絡させた箇所である．この個所はタングステンの合金になっており，負のTCRを示すため，**IR-OBIRCH**像では明るく見える．

トランジスタ(Tr)の温度特性異常もレーザビーム加熱で見ることができる．また，回路の温度特性の異常も見ることができる．図中(c)で示した写真中で，白いコントラストで見える配線はアルミニウム配線である．通常，**OBIRCH効果(加熱効果)**ではアルミニウム配線は，電流経路として，暗いコントラストで見える．ところが，この例ではレーザビームがアルミニウム配線を加熱することで，その配線に接続されている回路の動作点が変わり，その回路に流れる電流が増えたために，配線が明るいコントラストで見えた．接続している配線が過熱された程度で回路の動作点が変わり電流値が変化するということは，その回路は元々異常な動作点にあったということである．詳細は参考文献［3］を参照されたい．

図中(d)のように，配線やビア中のボイドの存在により，熱伝導異常がある箇所が**OBIRCH像**で黒々と見えるのは，典型的な**OBIRCH効果**である．

図中(e)のように，明暗のペアのコントラストが見られるのは，高抵抗欠陥の存在により**熱起電力効果**が顕在してきた場合で，**IR-OBIRCH**装置で観測できる典型的なコントラストの1つである．

5.3

半破壊解析

この節では，5.1.2項で示したステップの内STEP 7の中の半破壊絞込み手法に的を絞って解説する．

近年の複雑，微細化されたLSIでの故障解析は単純ではない．故障解析をむずかしくしている原因の1つに複雑な回路の中の詳細な故障位置の特定があ

る．実際の故障は複雑な回路の中で単一トランジスタ，単一配線さらにはゲート，ソース，ドレイン，コンタクト，ビアのようにLSIの最小構成要素で起こっており，そのような最小構成要素にまで故障箇所が絞り込めないと，最終的な故障原因の解明を行う透過電子顕微鏡(**TEM**)や走査電子顕微鏡(**SEM**)などを用いた物理解析まで辿り着くことができない．そこで，故障原因をこの最小構成要素まで絞込む方法の実現が以前より望まれていた．

この詳細故障箇所絞込みを行う方法として，実際の回路内の単一トランジスタや単一配線に直接探針(プローブ)を接触させ，電気特性を測定して，その特性変化から詳細な故障箇所の推定を行う実回路内電気特性評価法が開発されている．この実回路内電気特性評価法には配線系解析用の電子ビーム吸収電流(Electron Beam Absorbed Current imaging, **EBAC**)法とトランジスタ解析用のナノプロービング(Nano-Probing)法がある．装置としてはEBAC，ナノプロービング各々独立している場合と両方が複合されている場合があるが，ハードウェアとしては双方に共通要素技術が多いので本書では複合装置を紹介する[9][10]．なお，単独ナノプロービング装置には原子間力顕微鏡(**AFM**)を利用した方式もある[11]．これらの実回路内電気特性評価技術は対象箇所にプロービングするため，上層の膜を除去する必要があり，半破壊解析となる．

5.3.1 電子ビーム吸収電流(EBAC)法

EBACイメージングの原理を図5.5に示す[12]．試料は酸化膜内に形成されたビアチェーンで一箇所がオープンとなっている．ビアチェーンの末端は試料最表面にあり，そこにアンプが接続された探針が接触されている．通常のSEM観察では試料表面の2次電子像が観察されるが，この表面情報では内部の配線情報は得られない．電子線の加速電圧を増加させると，電子は酸化膜内部に侵入し，ビアチェーンに到達すると，その一部はビアチェーンに吸収される．電子ビームがオープン箇所より，アンプが接続された探針側に照射されているときは，ビアチェーンに吸収された電子は電流としてアンプを通して検出される．しかし，電子ビームがオープン箇所より，アンプと反対側に走査され

5.3 半破壊解析

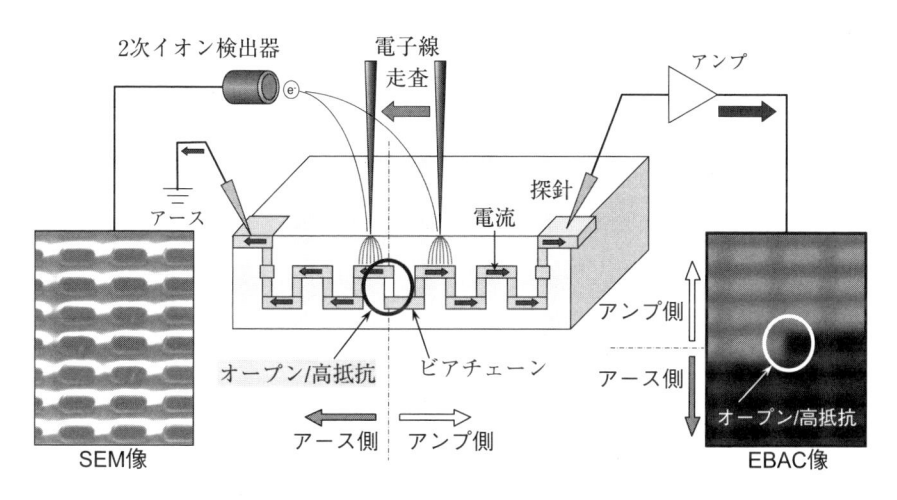

図 5.5 電子ビーム吸収電流(EBAC)法原理

ると，電流はアース側に流れるので検出されない．そこで，電子線走査と検出された電流から電流マップを作成することができる．これが EBAC 像であり，図 5.5 の EBAC 像に示されるように，オープン箇所を境にして明瞭にコントラストが変化するので，故障箇所同定が可能となる．

EBAC システムでは電子線と微細探針が用いられるが，これらは，ナノプロービングシステムと共用できるので，装置としては図 5.6 に示すような EBAC −ナノプロービング複合機が開発されている．実回路内電気特性評価では測定対象箇所がきわめて微細であり，その微細な測定対象箇所に探針を接触させるためには微細箇所が観察できる高倍率 SEM と選択的に対象箇所へのプロービングが可能なきわめて微細な探針が必要である．

探針は FIB で加工された探針接触用パッド，または配線に接触されるが，後述するナノプロービングと同様の微細探針を用いれば微細配線に直接接触できるので，最近では微細探針を用いた直接接触が多用されている．

アンプは基本的に探針 1 本の場合の電流アンプ，電圧アンプおよび探針 2 本の場合の差動アンプがある．図 5.7(a)に電流アンプ，探針 1 本を用いたときの EBAC 像を示す．探針を接触させた，多層の対象配線全体が明瞭に観察され

第5章 故障解析

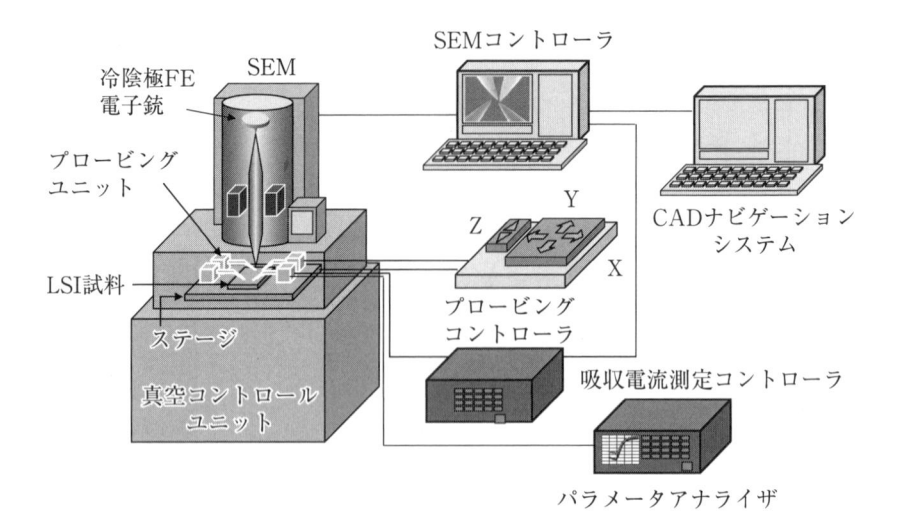

図5.6 EBAC−ナノプロービング複合装置概要

ている．故障箇所が完全なオープンやショートではなく，抵抗性である場合にはアンプに接続された探針の反対側にアースに接続された探針を接触させると故障箇所からアース側の電流はアースに流れるので故障箇所を境にしてコントラストを向上させることができる．差動アンプは2本の探針に流れ込む電流の差を検出するもので，コントラストをさらに強調させることができる．図5.7(b)に差動アンプを用いたときのEBAC像を示す．この図のコンタクトチェーンは2箇所が高抵抗であるが，コントラストが強調され，故障箇所を境にして白，グレー，黒の3段階でEBAC像が検出されている．

測定では電子線加速電圧，照射電流は重要なパラメータである．特に加速電圧は電子の侵入の深さを決めるので重要である．図5.8は加速電圧によるEBAC像変化を示したものである．対象配線(Al)は試料表面から$5\mu m$下にあり，対象配線上部には厚さ$2\mu m$の電源ライン(Al)が走っている．加速電圧25kVでは対象配線の電源ラインの陰になる部分は見えないが，加速電圧30kVでは陰の部分も明瞭に観察できる．Cu配線は電子線の透過率が低いが，デバイスの微細化とともに配線層が薄くなってきているので，Cu多層配線も

5.3 半破壊解析

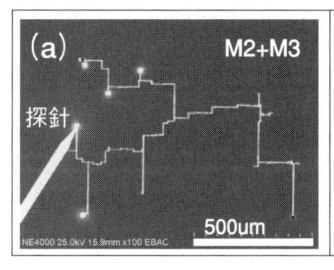

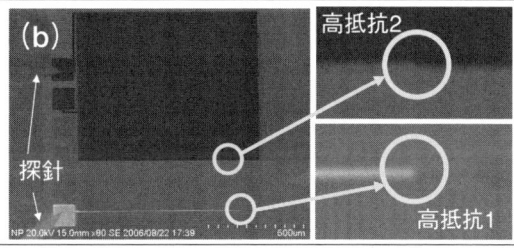

(a) 電流アンプによる配線像
(探針 1 本)

(b) 差動アンプによる高抵抗コンタクトチェーン像
(探針 2 本)

図 5.7　EBAC 像

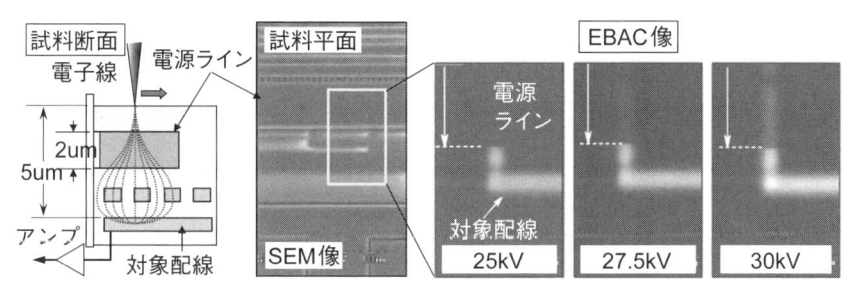

図 5.8　電子線加速電圧による EBAC 像変化

観察可能である．45nm ノードデバイスでは加速電圧 30kV で 7 層程度の観察が可能となっている．

実際の配線故障解析は複雑である．EBAC 像観察では配線の故障箇所特定が可能であるが，チップ内の膨大な配線すべてを調べることはできない．EBAC 像観察を故障解析で有効にするためには，対象配線の絞込みが重要である．図 5.9 に示すように，診断，**エミッション顕微鏡**((Photo) Emission Microscope，**PEM** または **EMS**)など，他の解析手法と組み合わせて利用することが重要である．

5.3.2　ナノプロービング

ナノプロービングシステムを図 5.6 で説明する[9][13]．SEM 内に設置される

第5章 故障解析

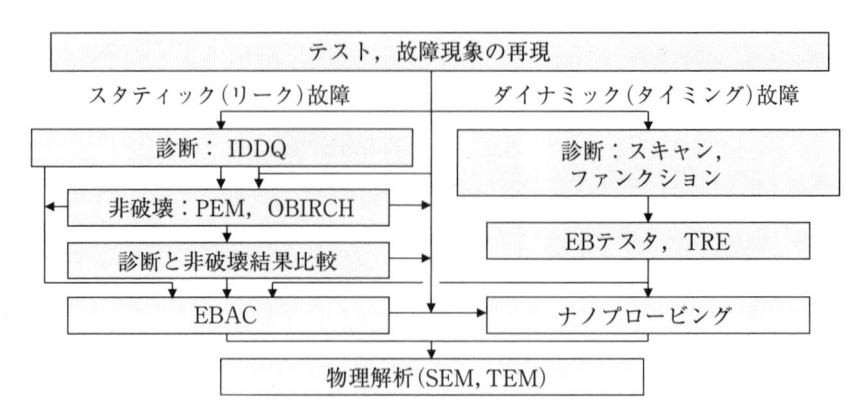

図 5.9 故障箇所詳細絞込みの流れ

プロービングユニットは nm デバイスのトランジスタや配線に直接接触可能な，先端半径数十 nm の微細探針を有している．トランジスタ測定の場合は，この微細探針がゲート，ソース，ドレイン，ウェルの各コンタクトに接触される(図 5.10)．測定に必要な電圧はパラメータアナライザから各探針に供給され，各探針で測定された電流がパラメータアナライザに記録される．

ナノプロービングでは微細トランジスタや配線に接触させるための探針が必要である．図 5.11 に 45nm ノード SRAM の pMOS コンタクトに接触させた探針を示す．探針は隣り合う探針同士が接触しないこと，低接触抵抗化，長寿命化などの必要条件から，各デバイス世代に適合した形状とサイズを選定することが望ましい(先端半径がおよそ 1/4 コンタクトピッチ)．

探針の駆動制御はピエゾ素子で行われ，駆動最小ピッチは 5nm とコンタクト径に対して十分小さいので，探針の高精度ポジショニングが可能である．

高精度，高信頼度の電気特性を得るためには探針と試料間の接触抵抗低減が重要である．図 5.12 は 2 本の探針を各種幅の配線に接触させ，2 本の探針間距離による配線抵抗を測定したものである。この測定では，2 本の探針間距離が 0 に外挿されたときの抵抗値が探針と試料間の接触抵抗に相当する。探針自身の弾性を利用したコンタクトへの適度な加圧，試料表面の清浄化などにより，図 5.12 に示されるようにタングステン配線に対する接触抵抗は数オームに低

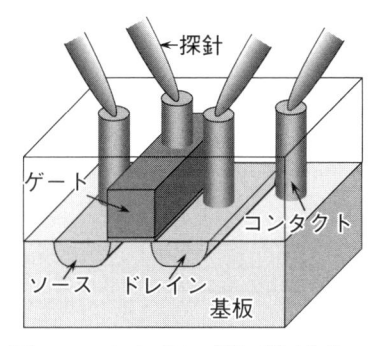

図 5.10 ナノプロービングによる
トランジスタ測定

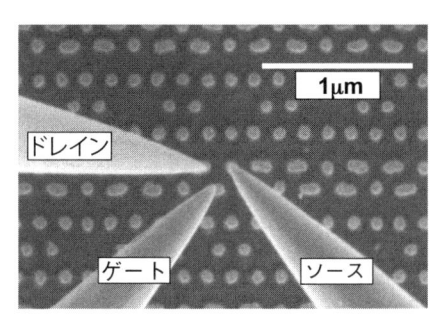

図 5.11 コンタクト上の探針
（45nm ノード SRAM pMOS）

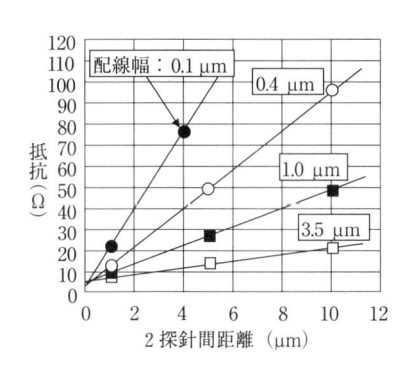

図 5.12 探針―配線接触抵抗評価
（配線：タングステン）

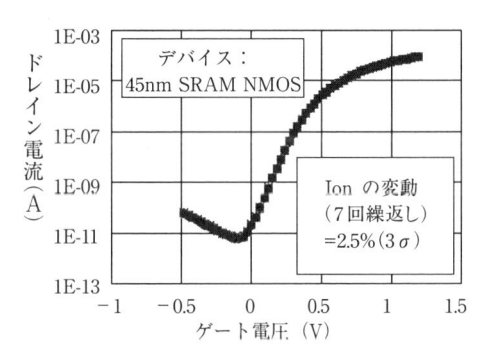

図 5.13 プロービング繰返し時の
再現性評価

減されている．これは静的電気特性評価に対しては十分低い値である．
　プロービングシステムで最も重要なのが，データの信頼性である．故障箇所のデータを採取したとき，それが信用できるのか信用できないのかによって，そのシステムの性能が決まる．したがって安定した試料，安定したトランジスタにおいて，プロービングを繰り返したときのデータ再現性が重要となる．図5.13 に 45nm SRAM nMOS での同一トランジスタにプロービングを繰り返したときの再現性を示す．7回の繰返しに対し，変動は 3σ で 3% 以内であり，極微小領域でのプロービングであることを考えると，きわめて良好な結果であ

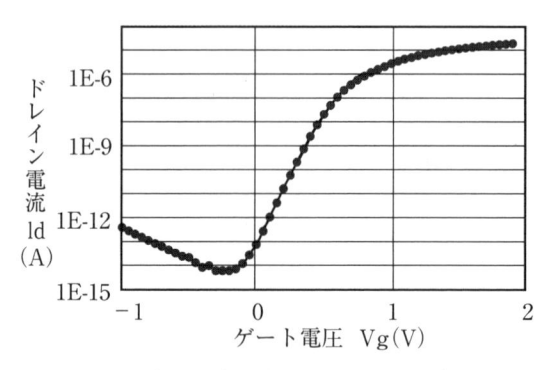

図 5.14 ナノプロービングによる低リークデバイス測定

ったと考えられる．

　低消費電力デバイスではリーク評価のためにできるだけ低い電流を測定したいという要求がある．電流検出下限を制限しているのはノイズ，リーク，ドリフトである．SEM 式システムの場合は真空チャンバ内での測定のため，比較的ノイズやドリフトには有利であるが，さらに配線のシールド強化や物理的振動低減により，fA レベルの測定が可能になっている(図 5.14)．

　プロービングシステムの実際の応用は 5.5 節の事例で述べる．

5.4

物理化学解析

　この節では，5.1.2 項で示したステップの内 STEP8 の物理化学解析手法に的を絞って解説する．LSI の故障解析で用いる物理化学的手法の大部分は電子ビームかイオンビームを利用する．ここでは，電子ビームを利用する技術とイオンビームを利用する技術に分けて解説する．

5.4.1　電子ビームを利用する解析技術

　電子ビームを入射した際に発生する電子，X 線，光，電流と，それを利用した解析手法・装置について，図 5.15 と表 5.6 を参照して概略を説明する．

5.4 物理化学解析

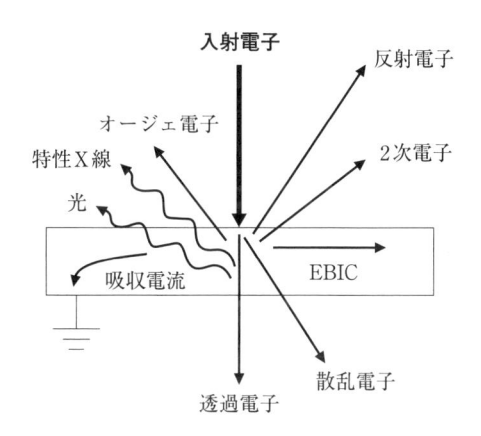

図 5.15 電子ビームの入射により発生する電子，X 線，光，電流

表 5.6 発生電子などと対応する装置・手法

発生電子など	2次電子		反射電子	透過電子		散乱電子	オージェ電子	特性X線	光	EBIC	吸収電流
装置・手法	VC	EBテスタ	SEM	EBSD	EELS	電子線ホログラフィ	TEM／STEM	AES	EPMA (EDS,WDS)	CL	EBIC	RCI

2次電子の発生量は発生部の電位に依存するため，電位観測に利用できる．この方法は**電位コントラスト**（**VC**, Voltage Contrast）法と呼ばれる．この性質を利用して微小部の電位の電位観測をダイナミックに行うのが **EB テスタ**（**電子ビームテスタ**）である．2次電子と反射電子は高倍率での形状観測などに用いる **SEM**（走査電子顕微鏡）に利用される．SEM では反射電子を用いた **EBSD**（電子線後方散乱回折）により，結晶方位の観測を行うこともできる．

透過電子は高度の元素分析や状態分析ができる **EELS** に利用される．透過電子と参照電子を元にした**電子線ホログラフィ**で，電気的ポテンシャルの観測が行える．また透過電子と散乱電子は超高倍率の構造観測ができる **TEM**（透過電子顕微鏡）や **STEM**（走査型透過電子顕微鏡）に利用される．TEM では透過電子を用いた電子線回折法による結晶の同定や応力の観測も行える．

オージェ電子は極表面の元素分析ができる **AES**（オージェ電子分光法）に利用される．**特性 X 線**は元素分析ができる **EPMA**（Electron Probe

Microanalysis)に利用される．**EPMA** には，スペクトル観測をエネルギーで行う **EDS**(エネルギー分散型 X 線分光法)と波長で行う **WDS**(波長分散型 X 線分光法)がある．**EDS** のほうがよく用いられる．その主な理由は，電子ビームの電流量が少なくても分析ができるため，電子ビームを細く絞った高空間分解能の分析ができることと，ビームによる試料の損傷が抑えられることである．電子ビーム照射により発生した光のスペクトルを解析する方法は **CL**(カソードルミネッセンス)法と呼ばれ，結晶の応力や欠陥の解析などに利用される．p-n 接合部など電界がある個所に電子ビームが入射された際に発生する電流(**EBIC**, Electron Beam Induced Current)は p-n 接合や拡散異常だけでなく配線異常部の検出に利用される．電子ビームにより注入された電流は GND に吸収電流として流れる．途中に電流の分岐を作ることで電流経路の抵抗が可視化できる．この方法は **RCI**(Resistive Contrast Imaging)法と呼ばれている(日本では **EBAC** と呼ばれることが多い)．この手法については 5.3.1 項で詳述している．

5.4.2 イオンビームを利用する解析技術

　イオンビームを入射した際に発生するイオンなどと，それを利用した解析手法・装置について，図 5.16 と表 5.7 を参照して概略を説明する．表 5.7 には入射するイオン種も記す．まず，Ga イオンや He イオンを入射した際に発生する 2 次電子や 2 次イオンを利用して **SIM**(走査イオン顕微鏡)像が得られる．Ga イオンを利用したものは広く普及している **FIB** 装置の一機能である．SIM 像は形状観測だけでなく多結晶のグレイン(結晶粒)の分布の観測にも用いられる．He イオンを利用した **He イオン顕微鏡**は実用化間近の段階である．Cs イオン，O イオン，Ga イオンなどを照射した際に発生する 2 次イオンを質量分析することで，極表面の元素分析を行う手法が **SIMS**(2 次イオン質量分析法)である．スパッタしながら，分析を進め掘り進むことで深さ方向の分析もできる．Ga イオンを用いた **FIB** 装置ではスパッタによる加工が行える．また，Ga イオンにより化合物ガスにエネルギーを与えて分解することで，金属や絶縁膜を堆積することもできる．このように FIB 装置は極微細な加工を観察しな

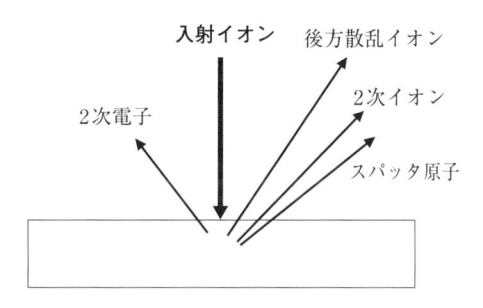

図 5.16　イオンビームを入射した際に発生するイオンなど

表 5.7　発生イオンなどと対応する装置・手法

発生イオンなど	2次電子	2次イオン	スパッタ原子	エネルギー	後方散乱イオン
装置・手法	SIM	SIMS	FIB 加工		RBS
入射イオン種	Ga,He	Cs,O,Ga,Au,Bi	Ga		He

がら行えるため，物理化学解析の**前処理**手段として必要不可欠なものである．He イオンを用いた RBS (ラザフォード後方散乱) 法は非破壊での分析に用いられるが，故障解析ツールとしては実用化されていない．

5.5 事例・トピックス

5.5.1　日常的な故障解析の事例

(1)　絞込み手法を総動員した例[3]

故障診断法，エミッション顕微鏡法，SDL 法，IR-OBIRCH 法といった絞込み手法を総動員してビア接続不良個所を絞込み，絞り込んだ個所を物理化学解析した事例を紹介する．IR-OBIRCH 法を実施する際 FIB で配線を引出し，針立て用のパッドも形成した．

解析全体の流れを図 5.17 に示す．サンプルは 6 層銅配線 LSI チップである．

第 5 章 故障解析

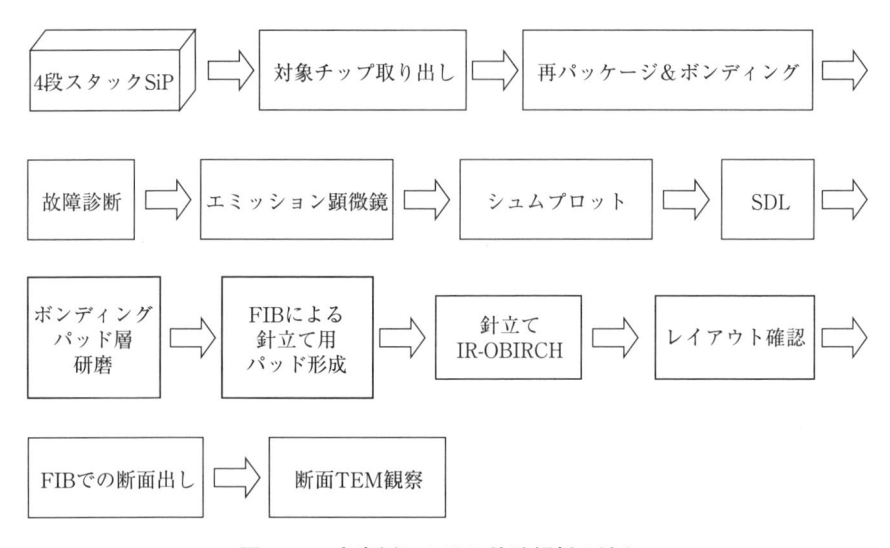

```
[4段スタックSiP] ⇒ [対象チップ取り出し] ⇒ [再パッケージ&ボンディング] ⇒

[故障診断] ⇒ [エミッション顕微鏡] ⇒ [シュムプロット] ⇒ [SDL]

[ボンディングパッド層研磨] ⇒ [FIBによる針立て用パッド形成] ⇒ [針立てIR-OBIRCH] ⇒ [レイアウト確認] ⇒

[FIBでの断面出し] ⇒ [断面TEM観察]
```

図 5.17 本事例における故障解析の流れ

バーンインで不良になったもので，元の形態は4段スタック(チップを4段重ねた)SiP(System In Package)である．

そのままでは解析できないため，対象チップのみ取り出し，再パッケージし再ボンディングを行った．その後，LSI テスタで測定し故障診断を行い，4つのネットが故障候補と指摘された．指摘個所を中心にエミッション顕微鏡観察を実施したところネット3の先のインバーター部で発光が見られた．次に SDL を実施するためにシュムプロット(周期対電源電圧)を行い，SDL 実施の条件を決定した．SDL 解析の結果ネット3の一部で反応が見られたが，まだ十分な精度では絞り込めなかった．

そこで IR-OBIRCH 用の針立てパッドを FIB で形成し，IR-OBIRCH 観測を行った．その結果ミクロンオーダーまで絞り込めた．絞り込んだ個所をレイアウトで確認したところビアが2ヵ所存在した．その断面を FIB で出し，**TEM 観察**を行ったところ M3(3層目配線)形成不良によるビア接続異常箇所が確認できた．

図 5.18 に回路上での故障箇所候補と解析内容・結果の概要を示す．太い線

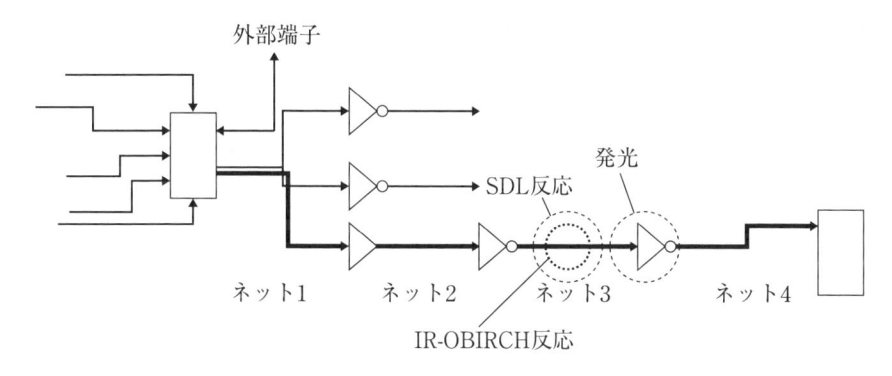

図 5.18 　回路上での故障箇所候補と解析内容・結果の概要

が**故障診断**により故障候補として指摘されたネット 1 ～ 4 である．レイアウト上でも故障診断によりチップ全体のごく一部に絞り込めた．

まず，故障診断で絞り込んだ箇所を対象に**エミッション顕微鏡**での観測を，同じテストパターンを繰り返し入力しながら行った．検出器は赤外域に高感度な InGaAs 検出器を使用し，積算時間は 20 秒と比較的短時間であった．発光箇所はネット 3 が入力となるインバーター回路であったため，ネット 3 が故障箇所の最有力候補として浮上してきた．すなわち，ネット 3 の電位が異常になりネット 3 が入力するインバーターに貫通電流が流れ発光した可能性が高いと考えた．

ネット 3 のどこに欠陥があるかを最も簡便に検出するには本来なら **IR-OBIRCH** 法で観測すればいいのだが，今回の場合は外部からネット 3 に DC 電流を流す方法がないため IR OBIRCH は使えない．そこで SDL の使用を考え，LSI テスタで，マージナルな条件がないか検討した．その結果テスト周波数を遅くしていくとパスする（良品状態になる）条件が見つかった．そこで，マージナルな条件（電源電圧と周波数の）でネット 3 に注目して **SDL 観測**を行ったところ，フェイル（不良品状態）がパス（良品状態）に変化した箇所が見られた（図 5.19，口絵参照）．ただ，拡大観測（図 5.19 (b)，口絵参照）してもまだ十分には絞り込めないことがわかった．

● ● 第 5 章　故障解析

そこで少し破壊をともなう解析に移行した．すなわち，最上層のボンディングパッドの層を研磨で取り除いた後，FIB で針立て用パッドを形成し IR-OBIRCH 観測を行った．図 5.20 にその結果を示す．(a)の低倍率像では形成したパッドとプローブしている針も同時に見えている．丸で囲ったところで IR-

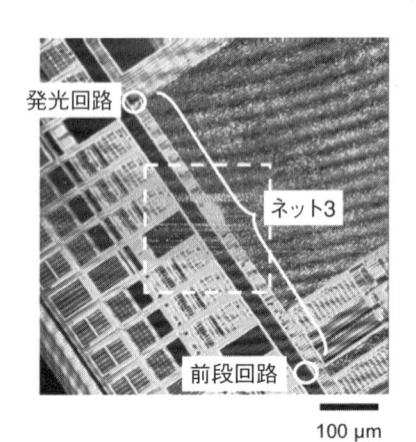

(a) 低倍率観測　　　　　　　　　(b) 高倍率観測

図 5.19　SDL 観測結果（口絵参照）

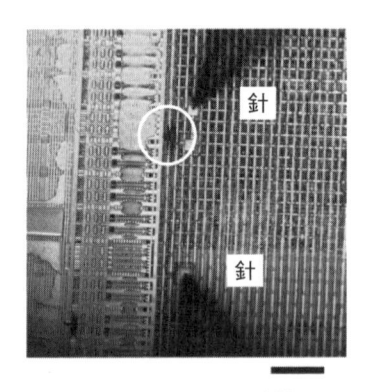

(a) 低倍率観測　　　　　　　　　(b) 高倍率観測

図 5.20　IR-OBIRCH 観測結果（口絵参照）

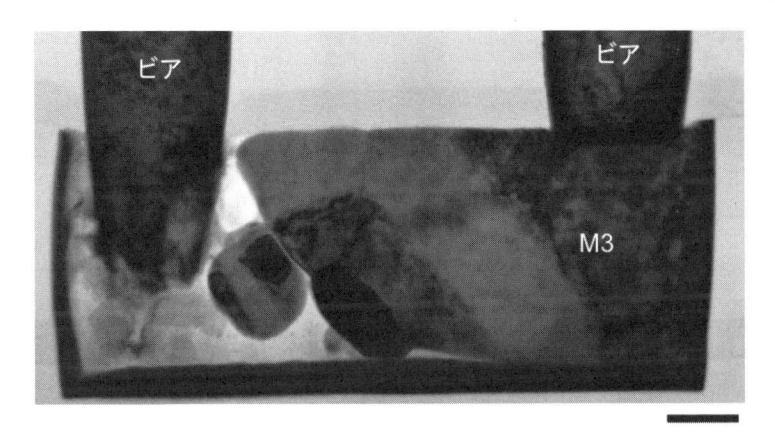

図 5.21 断面 TEM 観測結果

OBIRCH による反応が見られた(印加電圧 100mV で数 nA の電流が流れる条件で観測した)．この倍率ではまだ十分な精度で絞り込めていないため，さらに倍率を上げて観測した結果が(b)である．1μm 程度の精度で絞り込めていることがわかる．(b)では FIB で形成したパッドへの引き出し線も見えている．この個所をレイアウトで確認したところビアが 2 ヵ所確認できた．

その 2 ヵ所のビアの断面を FIB で出し，TEM 観察した結果が図 5.21 である．左のビアの下の M3(3 層目配線)が形成されておらず，その結果ビア接続不良となっていることがわかった．バーンイン不良品であるので，バーンインを実施することにより抵抗が増大し，マージンが減少したと考えられる．

(2) スタンバイ電流リーク

EBAC 利用の解析事例として，テストでのスタンバイ電流リーク故障の事例を示す[12]．本故障では IDDQ テストでショートモードが推定され，対象配線として 20 本程度が抽出された．また PEM 観察では，図 5.22(a)に示すように多数のエミッション反応が観察された．このエミッション反応箇所を通る配線をレイアウトより抽出したところ，100 本程度の可能性があった．この IDDQ テストとエミッション観察の結果をソフトウェアを用いて照合した結果，可能

第 5 章 故障解析

(b) NET001 の EBAC 像

(d) NET001 と NET003 の最近接箇所レイアウト

(a) PEM 像

(c) NET001 と NET003 のレイアウト

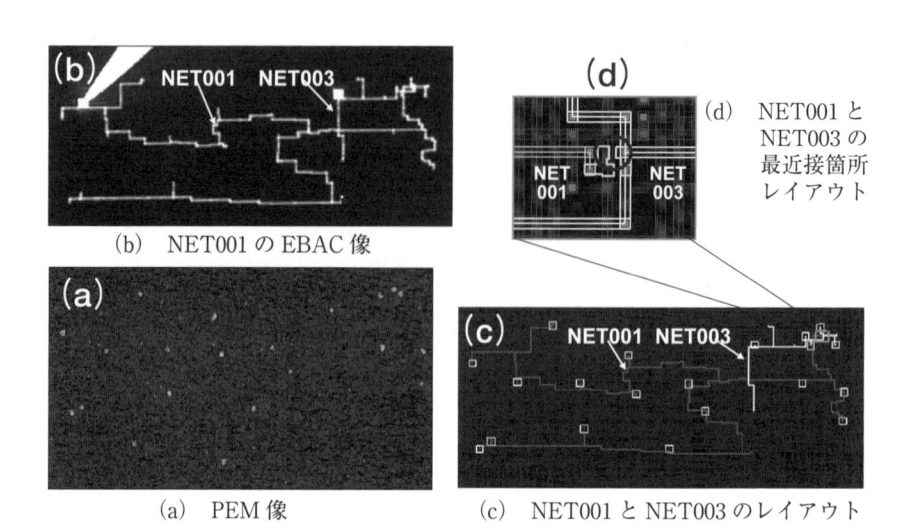

図 5.22 スタンバイ電流リーク故障解析例（口絵参照）

性のある配線は 4 本に絞られた．

そこでこの 4 本について EBAC 解析を行った．4 本のうちの 1 本（NET001）の 1 探針，電流アンプによる EBAC 像を図 5.22(b)に示す．また，NET001 のレイアウトも図 5.22(c)に示す．レイアウトで示される NET001 は EBAC 像で確認されるが，EBAC 像では NET001 ではない配線も同時に検出されている．この配線をレイアウトで照合すると，NET003 と確認できた．すなわち，EBAC 解析から，本故障は NET001 と NET003 のショートと推定される．これら 2 本のショートする可能性の高い場所をレイアウトで確認し（図 5.22(d)），その場所の断面 TEM 観察を行ったところ，わずかなバリアメタル残渣が検出された．なお，図 5.22 についてはカラー口絵を参照されたい．

(3) SRAM シングルビット故障解析

ナノプロービングシステムの解析事例として SRAM のシングルビット故障の事例を示す[14]．通常 SRAM ではフェイルビット解析により，故障ビットは特定される．しかし，SRAM は 6 個のトランジスタから構成されるため，6 個

のうちのどれが異常であるのか，また特性的にどのように異常なのかが特定されないと，TEM，SEM を用いての物理分析ができない．そこでナノプロービングシステムを用いた故障トランジスタの特定が必要となる．

故障ビットの測定結果を図 5.23 に示す．この結果から，故障トランジスタは TR1 と TR3 であり，コンタクト C をドレインとしたときのオフ電流リークが故障原因であることがわかる．このことから，プロセス故障原因としてはコンタクト C に関連する接合耐圧低下と予想される．

そこで，プロセス故障原因を究明するためにコンタクト C の断面が **TEM** 観察され（図 5.24(a)），コンタクト底部端の TiN 膜の異常が認識された．さらに，この異常をより明確にするために，**TEM-EELS**（TEM-Electron Energy Loss Spectroscopy）による Ti 元素マップが取得された（図 5.24(b)）．この図ではバリアメタルの TiN の一部が欠落していることが明瞭に観察されている．すなわち，プロセス故障原因は TiN の成膜異常であり，タングステン成膜時に原料ガス（WF_6）から解離したフッ素が，この TiN 欠落部を通って Si 基板に到達し，エンクローチメント（encroachment，侵食）を引き起こした結果，接合耐圧が低下したものと推察できる．この解析結果から，TiN 成膜プロセスが改善

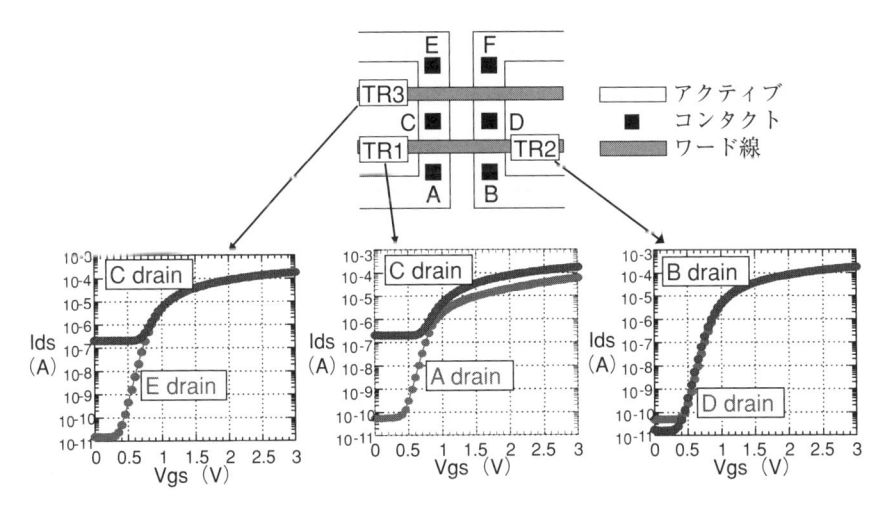

図 5.23 ナノプロービングによる SRAM シングルビット故障解析

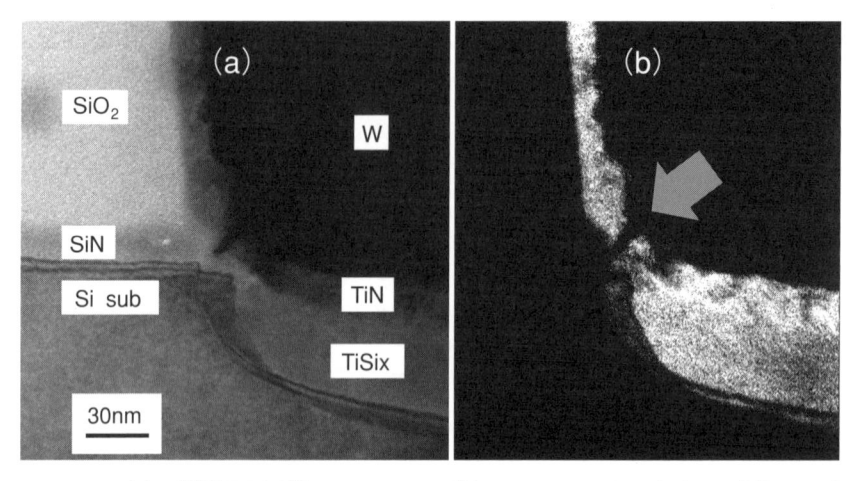

(a) 断面 TEM 像　　(b) TEM-EELS による Ti 元素マップ

図 5.24　異常コンタクトの断面 TEM 像と Ti 元素マップ

され，この故障は解決された．

(4) 耐熱コンタクト高抵抗故障解析

デバイス微細化とともにコンタクトはアスペクト比が大きくなるので，バリアメタル(Ti, TiN)形成は化学気相蒸着(CVD)（原料：$TiCl_4$）が用いられている．この CVD によるコンタクトで高抵抗不良が発生した[15].

まず，高抵抗コンタクト詳細場所はナノプロービングで特定され，さらに，高抵抗コンタクト(MΩ レベル)底部の TiN −基板界面にはアモルファス薄膜が形成されていることが断面 TEM 観察で確認された．さらにこの薄膜は **TEM-EELS** で SiO_2 と同定され，これが高抵抗原因と確認された(図 5.25(a), (b))．しかし，またこの SiO_2 が形成されるのは，TiN，タングステン(W)膜形成直後ではなく，これら工程のはるか後の工程であるという奇妙な現象が断面 TEM 観察で確認された(図 5.26)．

一般に，時間的に遅れて発生する故障は工程を重ねるうちに化学反応が順次進行して顕在化することが多い．そこで起こり得る化学反応を調査し，その結果とプロセス条件からチタン酸(TiO_xH_2O)を経由する酸化膜メカニズムを予想

した(図 5.27). このメカニズム検証に対し, まず, チタン酸生成に必要な TiN 膜中残留塩素とコンタクト抵抗との間には強い相関があることが高測定スループットの元素分析法であるグロー放電固体発光分析(GDOES)により確認された. また, SiO_2 を生成する原因である水分の上方($TiO_x(H_2O)_n$)から下方(TiN－基板界面)への移動は SiO_2 膜が完全に生成される以前と考えられる kΩ 程度のコンタクト断面の TEM-EELS によるチタン層の酸化観察(図 5.28(a), (b))

(a) 断面 TEM 像　　(b) TEM-EELS スペクトル

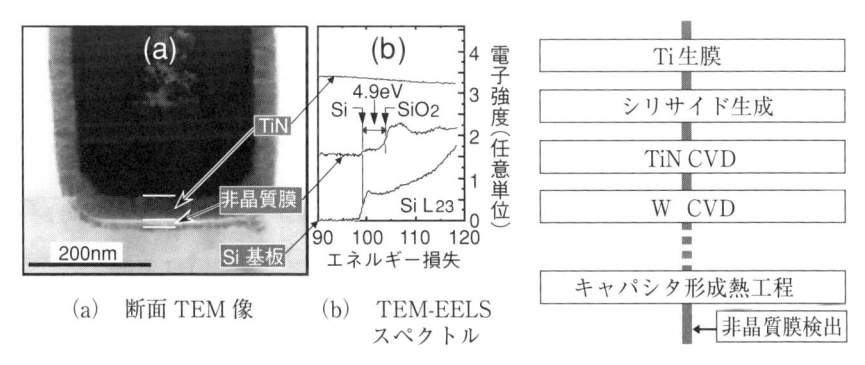

図 5.25 高抵抗(MΩ)不良コンタクト解析

図 5.26 コンタクト形成プロセスフロー

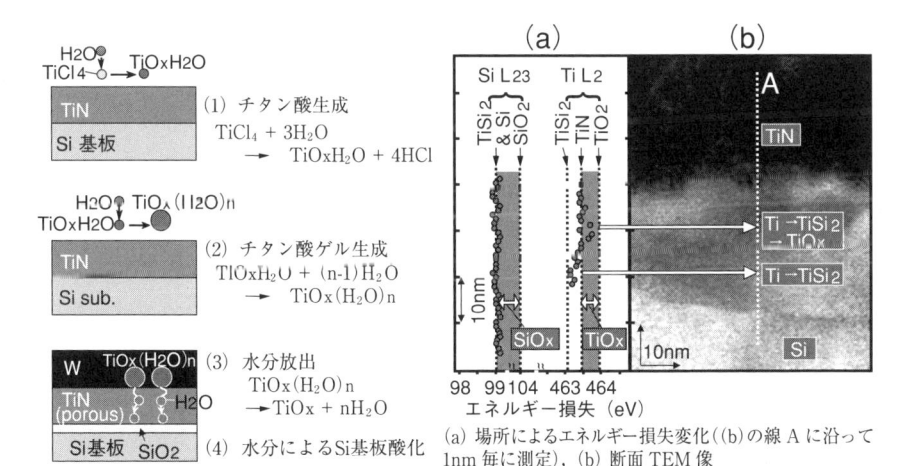

図 5.27 コンタクト－基板界面 SiO_2 生成推定メカニズム

(a) 場所によるエネルギー損失変化((b)の線 A に沿って 1nm 毎に測定), (b) 断面 TEM 像

図 5.28 高抵抗(kΩ)不良コンタクト解析

で確認され，予想メカニズムの正しさが実証された．図 5.28(a) は図 5.28(b) の線 A に沿って 1nm 毎に測定されたエネルギー損失をプロットしたものである．

この結果から，本故障はチタン酸生成を抑制すれば解決すると考えられる．そこで，プロセス改善対策として，チタン酸生成の原因である塩素を TiN 膜生成後の十分なアンモニア置換により，塩化アンモニウムとして昇華 (338℃) させたところ，本故障は解決した．

5.5.2 最新の解析技術のトピックス

(1) 微細形状解析

半導体デバイスではデバイスを構成するすべての微細形状が設計で規定した形状に正しく加工されていないと，故障 (不良) や信頼性低下を引き起こす可能性がきわめて高い．このため，故障解析および開発段階でのウエハ検査，量産でのプロセスチェックでは形状評価が最も基本的な評価項目になっている．この形状評価における寸法精度はデバイス微細化にともなって厳しくなっている．結晶欠陥，コンタクト底部，ゲート端，バリアメタル残渣，ゲート絶縁膜，キャパシタ容量膜などの評価では原子レベルに近い (〜 0.1nm) 空間分解能が要求される．

形状評価で従来より多用されている計測技術は走査電子顕微鏡 (Scanning Electron Microscope, **SEM**) と透過電子顕微鏡 (Transmission Electron Microscope, **TEM**) である．最近ではより，微細な形状を観察するために SEM，TEM ともに球面収差補正により空間分解能を向上させる研究開発が進められている．特に TEM では**球面収差補正**により理想状態の試料では 0.076nm の空間分解能が得られている．ハードウェアの進展についてはその方面の論文を参照していただきたい[16][17][18]．本稿では応用面から，最近，解析レベルが急激に進展している 3 次元形状観察と従来からむずかしいとされているゲート絶縁膜厚評価をトピックスとして取り上げる．

① 3 次元形状観察

デバイスの微細化とともにコンタクト底面，ゲート端，基板浅溝分離部

(Shallow Trench Isolation, STI 構造)など微細な3次元形状がデバイスの信頼性や故障に影響するようになってきた.また,DRAM キャパシタや3次元ゲートなどの複雑形状も導入されてきている.そこでこれらの微細な形状変化や構造欠陥を詳細検討するために3次元形状観察技術が必要になってきた.表5.8に3次元形状評価のニーズを示す.

透過電子顕微鏡には TEM と STEM の2種類があるが,ここでは半導体向けの3次元電顕観察 で一般的に用いられている走査透過電子顕微鏡(Scanning Transmission Electron Microscope, **STEM**)による3次元像取得技術を紹介する[19][20].

STEM による3次元像取得は基本的には**X線 CT**(Computed Tomography)と同様で,試料を回転して電子線をあらゆる方向から試料に照射し,多数の2次元像を取得して,これらをコンピュータ処理し3次元像とするものである.原理を図5.29に示す.

細く絞った電子線を試料の一方向から入射させ,試料で散乱された透過電子を検出する.散乱電子線強度は原子番号の二乗にほぼ比例するので元素によるコントラスト変化を検出することができる.円環状検出器(Annular Detector)で高角度に散乱された電子を検出する.この散乱電子線を円環状検出器で検出する方法は高角度散乱円環状検出暗視野(High Angle Annular Dark Field, HAADF)法と呼ばれる.HAADF 法は結晶による電子回折効果を低減することが目的である.

表5.8 3次元形状評価のニーズ

プロセス	形状
ゲート	ゲート裾(Footed Profile),ラインエッジラフネス(LER)
配線	デュアルダマシンビア,コンタクト底,光近接効果補正(OPC)形状
基板	結晶欠陥,ドーバントプロファイル,浅溝分離(STI)
キャパシタ	高アスペクト比キャパシタ,ヘミスフェリカルグレイン,キャパシタ下プラグ

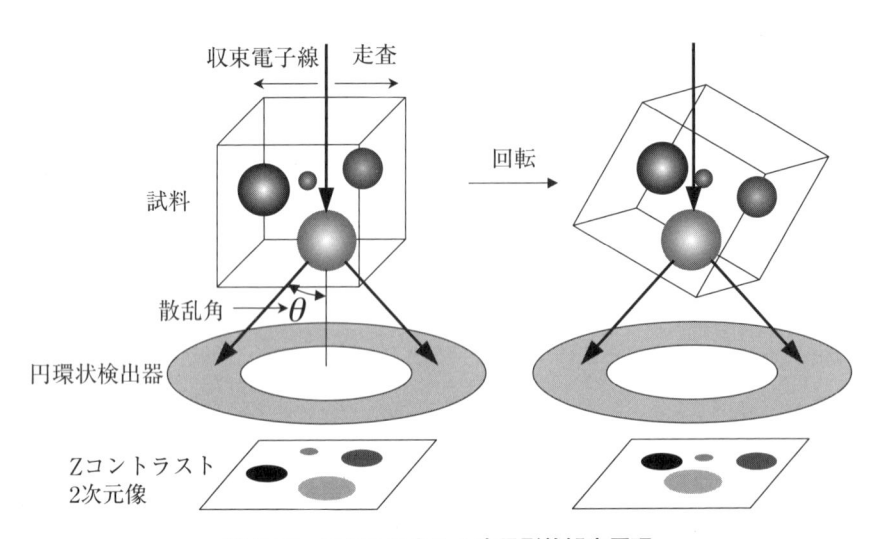

図 5.29　STEM による 3 次元形状観察原理

　3次元像取得の第一の目的は，対象領域の3次元幾何学形状の正確な把握である．3次元幾何学形状を求めるためには試料を透過した電子線強度が試料の厚さや密度に比例していることが望ましい．しかし，多結晶体試料では試料を透過した電子線に回折効果が含まれるので，電子線強度が試料の厚さや密度に比例しない．しかも入射電子線の入射方向によってこの回折効果が変化する．

　このため，回折効果による電子線強度変化を幾何学形状変化として扱う恐れがあり，3次元像再構築精度が低下する．回折効果は散乱角度が大きくなるにつれ低減されるので，円環状検出器で高角度散乱電子線を検出することにより，信頼性の高い3次元像を得ることができる．実際には，数十 mrad 以上の高角度に散乱した電子線の検出により，回折効果を低減している．また，電子の散乱角度は試料を構成する原子の原子番号に依存するので，検出角度を調整することにより，組成情報を強調した画像を取得することができる（z（原子番号）コントラスト）．

　STEM ではある回転角度に固定された試料に収束電子線を走査しながら照射し，対象領域の2次元像を取得する．次に試料の角度を変更し，同様に2

次元像を取得して，最終的にこれら2次元像を立体構築する．さらにSTEM 3次元測定では電子線照射により発生する特性X線を検出する手法(Energy Dispersive X-ray Spectrometer, **EDX**)を用いて，3次元元素マッピングも行われる[21]．

試料はあらゆる方向から1次電子線を照射する必要があるため，原理的には球形が望ましいが，球形試料は試料保持がむずかしいので，現在は柱状試料が用いられている(図5.30(a))．この微細柱状試料の加工と回転台への固定は集束イオンビーム(Focused Ion Beam, **FIB**)装置で行われる．

この試料を3次元的に回転するが，その回転機構を図5.30(b)に示す．柱状試料はα回転とβ回転で3次元回転される．

図5.31はシリコン基板にCuを拡散させ，歪および欠陥に析出したCuを3次元観察したものである[22]．この基板上にはコンタクトが形成されており，コンタクト円周に沿って歪が形成されている様子がわかる．

図5.32(a)はnMOS断面を示したものである．コンタクト下にはニッケルシリサイド層があり，その下にこの図では見えないが砒素(As)拡散層がある．

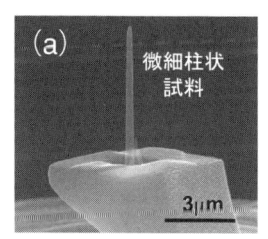

(a) 柱状試料

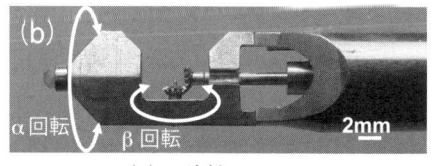

(b) 試料ホルダー

図5.30　3次元形状観察用試料回転機構

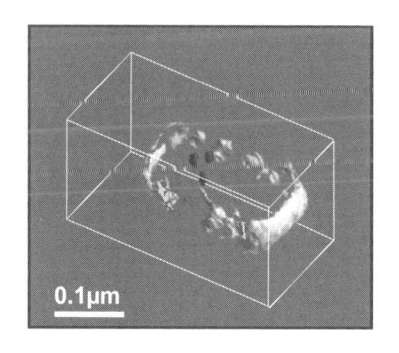

図5.31　STEMによる3次元像(コンタクト下Si基板内の歪と欠陥に析出したCu)

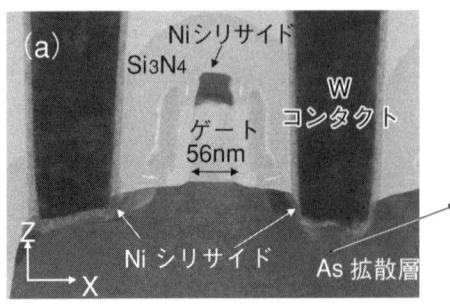

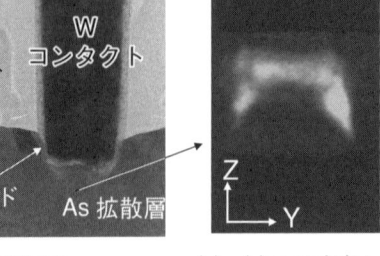

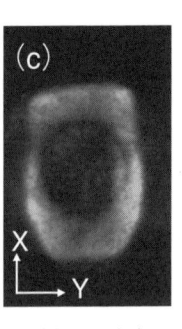

(a) nMOS断面TEM像
(b) (a)のX方向から見たAs拡散層のEDXAsマップ
(c) (a)のZ方向から見たAs拡散層のEDXAsマップ

図5.32 STEM-EDXによる3次元形状観察

このAs拡散層をEDXにより3次元マッピングしたのが図5.32 (b), (c)である[21]. (b)はアクティブ領域を(a)のX方向から見た断面像であり, As拡散層がアクティブ上部に存在していることがわかる. (c)はこの拡散層を(a)のZ方向から見た平面像である. (c)ではコンタクト形成工程でコンタクト孔が拡散層底部まで形成されたために拡散層に孔が開いてしまったことがわかる. すなわち(b)では観察できなかった形状が, (c)のように方向を変えると観察できる. このように微細複雑形状の解析ではますます3次元観察の重要性が高まっている.

② ゲート絶縁膜厚さ評価

従来から, 高分解能TEMを用いても, むずかしいとされている形状評価対象の1つにゲート絶縁膜厚さがある. ゲート絶縁膜もデバイス微細化とともに薄くなり, 最近のロジックデバイス(High Performance, HP; Low Operation Power, LOP; Low Standby Power, LSTP)のゲート絶縁膜厚さ(Equivalent Oxide Thickness, SiO_2 とした場合の膜厚)は2nm以下である[23]. したがって, 高分解能断面TEM観察で0.1nm程度の精度の膜厚評価をしたいとの要求が多々ある. しかし, このような精度での評価がむずかしい主たる原因はTEMの分解能ではなく, 膜厚の定義の問題であるので, 本書では膜厚の定義を再考

することにする.

　SiO_2 系ゲート絶縁膜はシリコン基板を熱酸化することにより,形成されるが,広い領域で均一な厚さの膜ができるとは限らない.すなわち,酸化膜とゲートおよびシリコン基板界面では原子レベルの凹凸は存在すると考えられる.界面に原子レベルであっても,凹凸が存在するのであれば,場所によって膜厚が変化していることになり,ゲート絶縁膜全体としてはこの凹凸も含めて定義されなければならない.2nm 以下のような厚さでは Si 原子 1 個に相当する厚さの変化が膜厚に大きく影響する.

　図 5.33(a)にポリシリコンゲート (poly-Si) / ゲート絶縁膜 (SiO_2) / シリコン基板 (Si) の断面 TEM 像を示す[24].この図では poly-Si と SiO_2 界面は明瞭ではないが,SiO_2 と Si の界面は比較的明瞭に見えるので,この SiO_2-Si 界面を用いて界面の凹凸を説明する.図 5.33(a)では SiO_2-Si 界面は平坦のように見えるが,詳細に観察するとわずかな界面凹凸があることがわかる.この界面凹凸を強調するために,図 5.33(a)の横方向を 1/10 に圧縮したのが図 5.33(b)である.この図では基板 Si の (200) 面の原子ステップ 0.27nm レベルの界面ランダム凹凸が明瞭に観察される.また,基板傾斜と考えられる左から右へ系統的な界面の原子ステップレベルの上昇も観察される.ランダム凹凸は基板表面の部分的酸化進行を示しており,基板傾斜はウエハ加工精度によると考えられる.これ

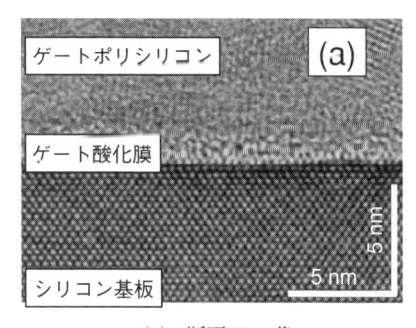

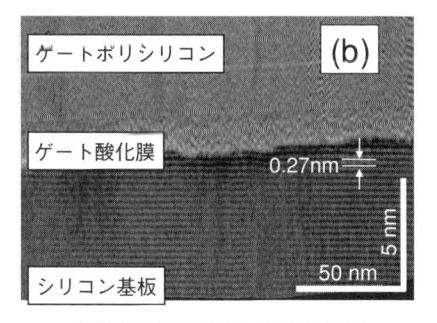

(a) 断面TEM像　　　　(b) (a)の横方向を1/10に圧縮

図 5.33　ポリシリコンゲート (poly-Si) / ゲート絶縁膜 (SiO_2) / シリコン基板 (Si) 構造

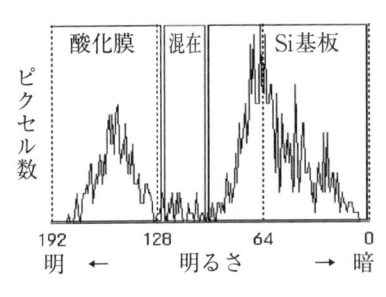

図 5.34　TEM 像(図 5.33(b))の明るさヒストグラム

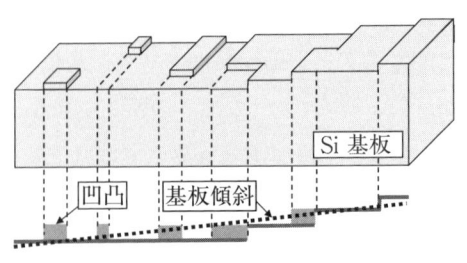

図 5.35　ゲート絶縁膜(SiO₂)/シリコン(Si)基板界面の凹凸

らのランダムまたは基板傾斜による凹凸は図 5.33(b)の奥行き方向にも存在しているはずである．図 5.34 は図 5.33(b)の明るさをヒストグラムとして表現したものである．酸化膜と Si 基板の中間の明るさは，断面方向から見て，酸化膜と Si 基板が混在している可能性を示している．したがって，実際の界面は図 5.35 のような凹凸面になっていると考えられる．この図 5.35 のような凹凸面を定義するために，さらに電子線を紙面に平行に入射させることにより奥行き方向の凹凸を観察することが試みられている[24]．

ゲート絶縁膜の厚さは電気的な容量測定から 1.2nm とか 1.3nm のように 0.1nm 精度で表現されることが多い．しかし，基板 Si の 1 原子層は(200)面間隔が 0.27nm なので，1 原子層単位の均一な酸化が行われるのであれば，0.1nm の膜厚変化とはならないであろう．したがって，TEM などの形状評価で 0.1nm の膜厚変化を議論する場合は，このような界面凹凸が考慮されなければならないのである．

このゲート絶縁膜厚さ評価の例は観察対象の観察目的を明確に定義しないと，高分解能観察装置を使用しても単なる観察では目的の知見を得ることが困難なことを示している．

(2)　アトムプローブによるドーパントプロファイル解析

デバイスの物理解析の中でドーパントプロファイル評価は最もむずかしい

とされてきた．図 5.36 にトランジスタ構造を示す．32nm 世代のプロセッサゲート長 (gate length, Lg) は 18nm であり[23]，これの 10% の変動はトランジスタ特性変動原因となるので，ドーパントプロファイル評価技術には 2nm 以下の空間分解能が要求されることになる．しかし，図 5.36 に示すように，一辺 2nm の正方形をデバイス断面に設定し，奥行きの長さ y の直方体を考えた場合，ドーパント原子一個が存在しうる y はドーパント濃度 1×10^{19} atoms/cm^3 で約 25nm である．すなわち，面分解能 2nm を保って 25nm の深さまで分析し，ドーパント原子 1 個を検出しなければならないことになる．これはきわめて困難な分析である．濃度が下がるとさらに検出はむずかしくなる．

アトムプローブは 2 次イオン質量分析と同様に高感度表面元素分析技術として発展してきた．試料表面から電界蒸発によって生成されるイオンを質量分析するが，電界蒸発に必要な電界を電界集中によって得るために，試料は先端の尖った針状である．1988 年に試料の深さ方向だけでなく，平面方向情報が得られる位置敏感型検出器[25]を具備したアトムプローブが開発されて以来，3 次元元素マッピング (Atom Probe Tomography, **APT** (3D-AP ともいう)) の応用が盛んになった．さらにパルスレーザアシストによるイオン化で絶縁性試料への応用が可能になったこと[26][27]，また最近のデバイス微細化により，針状試

ドーパント濃度 (atoms/cm^3)	y (nm)
1×10^{20}	2.5
1×10^{19}	25
1×10^{18}	250
1×10^{17}	2500

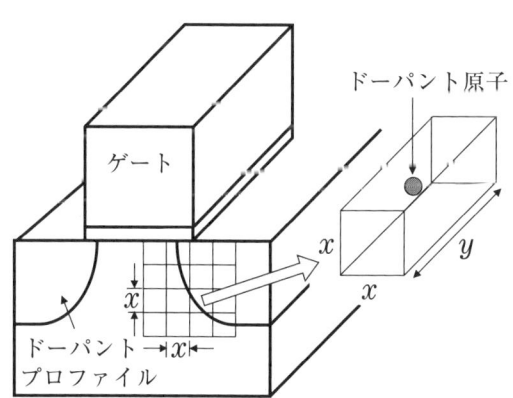

ドーパント原子 1 個が存在し得る y の長さ ($x=2$nm)

図 5.36　ドーパント原子 1 個が存在する体積

料先端にサイズ的に MOSFET 全体が含まれるようになってきたことから，ドーパント分布評価が進展している[28][29].

図 5.37 にレーザアシスト APT の原理模式図を示す[30]．針状試料の先端の表面原子が電界集中による高電界とパルスレーザ照射でイオン化され，空間(真空中)に脱離する．このイオンを検出器に導いて検出するが，元素分析はイオンの質量によって検出器への到達時間が異なることを利用する飛行時間型質量分析(Time of Flight Mass Spectrometer, TOF-MS)が用いられる．この TOF-MS では質量分解能を低減させる要因であるイオン化時のエネルギー分散を補正低減させるためのエネルギー補償器(リフレクトロン)が具備されている．

空間に脱離されたイオンは局所電界により，広がりをもちながら空間を飛行し，検出器に到達する．すなわち，試料内での原子位置座標が拡大されて検出器に到達する．検出器は位置敏感型検出器と呼ばれ，高位置分解能(約 0.1mm)で 2 次元的にイオンを検出するので試料内の原子位置座表を 0.1nm 程度の分解能で取得することができる．

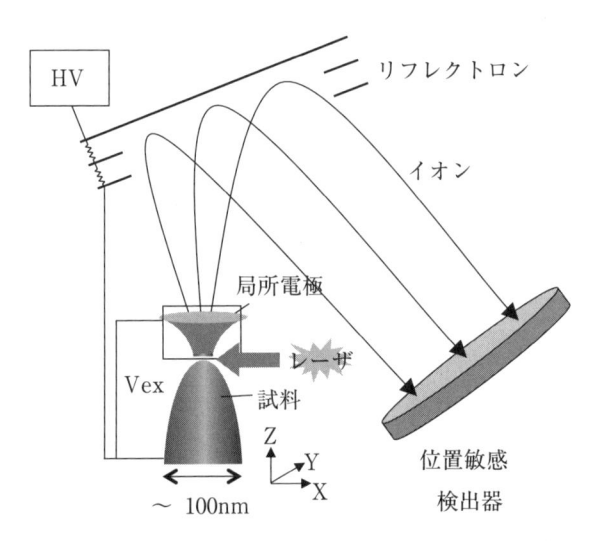

図 5.37　レーザシストアトムプローブトモグラフィ(APT)の原理

5.5 事例・トピックス

　また，APT では試料原子のイオンとしての検出効率はリフレクトロンの有無によって多少異なるが，30 〜 50% といわれており，原子レベルのきわめて高い検出能を有している．

　レーザ照射，電界蒸発による原子のイオン化は試料の最表面で行われるので，位置敏感型検出器で検出された 2 次元マップを時間とともに連続的に蓄積すれば 3 次元の原子マップ（トモグラフィ）が構築できる．

　先端の尖った針状試料は FIB で加工される．近年の FIB 加工精度の向上は電子顕微鏡の試料作製と同様に APT においても観察対象箇所を正確に試料内に含ませることができるので，故障解析にはきわめて重要であった．

　図 5.38(a) に nMOS のゲート端付近のアトムプローブによる 3 次元元素マップを示す[28]．図 5.38(b) は試料の TEM 像である．図 5.38(a) は取得した 3 次元元素マップをゲート長正面方向から見たものである．主元素の Si は他元素表示

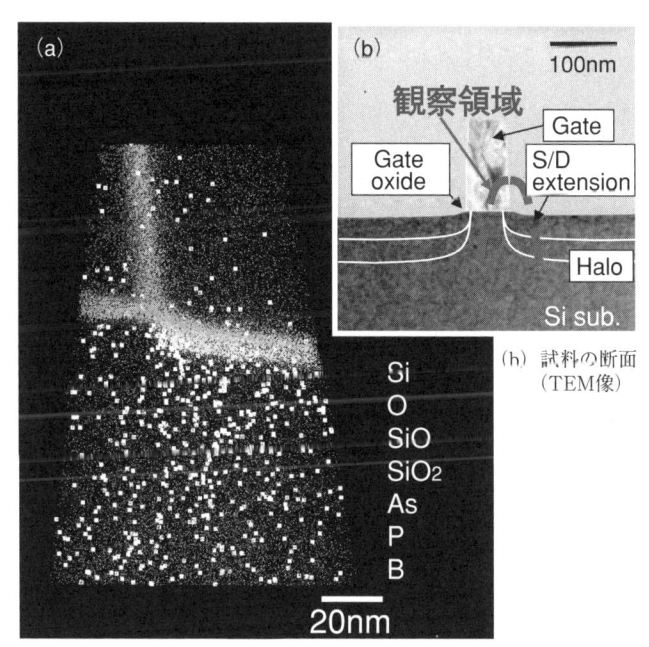

(a) 3次元元素マップ（ゲート長正面方向）

図 5.38　APT による nMOS ドーパントプロファイルの 3 次元観察
　　　　（ゲート長正面方向）（口絵参照）

を明瞭にするため，実際の 0.1% で表示されている．拡散層の As，基板内の微量 B，界面やゲート絶縁膜の酸素が明瞭に観測されている．拡散層の As 濃度は 6×10^{20} atoms/cm^3 程度，基板内 B 濃度はゲート端の高濃度領域で 3×10^{19} atoms/cm^3，チャネル領域は $(1-4)\times10^{18}$ atoms/cm^3 程度である．このように高空間分解能で高感度に元素検出が行えるので，アトムプローブはドーパントプロファイル解析の実用化技術として大いに期待できる．なお，図 5.38 についてはカラー口絵を参照されたい．

この他にドーパントプロファイル解析技術としては最近，真空中拡がり抵抗測定（**SSRM**, Scanning Spreading Resistance Microscope）[31]，走査トンネル顕微鏡（**STM**, Scanning Tunneling Microscope）[32] などが良好な結果を報告している．

(3) TEM-EELS による化学結合状態解析

ゲート絶縁膜，配線などの急激な薄膜化は従来問題とならなかったわずかな界面反応が膜特性の与える影響を顕在化し，また，新材料の導入は未知の界面反応を引き起こす．実デバイスでの界面反応究明には 1nm 以下領域での化学結合状態解析手法が必要である．従来，化学結合解析には X 線光電子分光（X-ray Photoelectron Spectroscopy，XPS）が用いられていた．しかし，XPS は化学結合状態解析にはきわめて有用であるが，X 線を用いるため，実デバイスのような微小領域には適用困難である．このため，微小領域解析可能な TEM にエネルギーフィルター（Electron Energy Loss Spectroscopy，EELS）を結合した **TEM-EELS** が検討されている（図 5.39）[15][33]．

従来，TEM-EELS は微小部の元素分析に適用されていた．電子線が試料を通過するときに失うエネルギーは元素によって異なる．したがって，このエネルギー損失を TEM の後段に設けたエネルギーフィルターで検出すれば，元素種が同定できる．この原理の化学結合解析への応用では元素同定に比べて一桁以上小さい損失エネルギー差が検出されなければならない．これは同一元素でありながら，結合している隣の元素によって異なってくるエネルギー損失を検

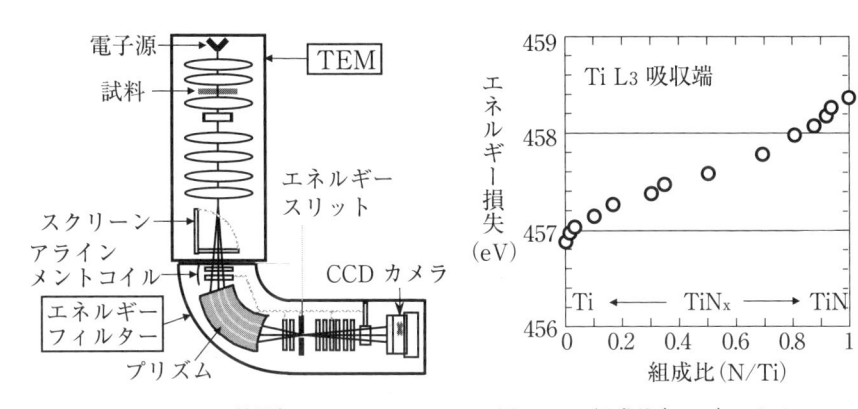

図 5.39　TEM-EELS 装置概要

図 5.40　組成比(Ni/Ti)による TiL$_3$ 吸収端ピーク位置(エネルギー損失)変化

出しなければならないからであり，バリアメタル，high-k 材料，low-k 材料などから要求される損失エネルギー差は 0.1eV 程度である．このため，入射一次電子線のエネルギー広がりの低減，エネルギーフィルターの分解能向上，検出信号のノイズ低減等が検討され，その結果著しいエネルギー差の識別の向上が達成されつつある．図 5.40 は TiN$_x$ の Ti と N の組成比(N/Ti)による損失エネルギー変化を Ti L$_3$ 吸収端ピーク位置で調べたものである[34]．0.1eV 程度のピーク位置シフトが識別可能なレベルとなっている．この例ではハードウェアとしてのエネルギー分解能の低減と同時にソフトウェアによるノイズ低減がきわめて有効であった．

謝辞

本執筆にあたりデータ提供をはじめとして，多大なご援助をいただきました東北大学金属材料研究所永井康介先生，京都大学大学院工学研究科井上耕治先生，半導体 MIRAI プロジェクト殿，東京都市大学工学部矢野史子先生，ルネサスエレクトロニクス㈱生産本部嶋瀬朗氏，水野貴之氏，㈱日立ハイテクノロジーズ那珂事業所柿林博司氏，矢口紀恵氏，㈱日立製作所日立研究所寺田尚平氏に深く感謝いたします．

第 5 章の参考文献

[1] 二川, 山, 吉田:『デバイス・部品の故障解析』, 日科技連出版社, 1992 年.
[2] 二川 清:『はじめてのデバイス評価技術』, 工業調査会, 2000 年.
[3] 二川 清:『LSI 故障解析技術のすべて』, 工業調査会, 2007 年.
[4] LSI テスティング学会,『LSI テスティングハンドブック』, オーム社, 2008 年.
[5] 二川 清:『故障解析技術』, 日科技連出版社, 2008 年.
[6] LSI テスティングシンポジウム:http://www-lsits.ist.osaka-u.ac.jp/
[7] ISTFA(故障解析国際会議):http://asmcommunity.asminternational.org/content/Events/istfa/
[8] ESREF(信頼性・故障解析欧州会議):http://www.esref2010.unicas.it/
[9] 三井泰裕:「SEM 式ナノプロービングシステムの開発と半導体デバイス解析への応用」,『顕微鏡』, Vol. 44, No.3, 2009 年.
[10] 福井, 三井, 奈良, 尾吹, 斉藤, 遠山, 嶋瀬, 水越:「電子線ビーム応用技術の LSI 故障解析への応用」, LSI テスティングシンポジウム会議録, pp.283-288, 2006 年.
[11] T. X. Tong, A. N. Erickson, "Current Image Atomic Force Microscopy combined with Atomic Force Probing for location and characterization of advanced technology node", *Proc. 30th International Symposium for Testing and Failure Analysis*, Worcester, pp.42-46, November 2005.
[12] A. Shimase, A. Uchikado, Y. Matsumoto, S. Watarai, S. Kawanabe, T. Suzuki, T. Majima, K. Hotta and H. Terada, "Failure Analysis Navigation System Connecting Hardware Analysis to Software Diagnosis", *Proc. 32nd International Symposium for Testing and Failure Analysis*, Austin, pp.221-227, November 2006.
[13] Y. Mitsui, T. Sunaoshi, J. C. Lee, "A study of electrical characteristic changes in MOSFET by electron beam irradiation", *Microelectronics Reliability*, 49, pp.1182-1187, 2009.
[14] 水野貴之:「ナノプロービング法とその故障解析への応用」,『LSI テスティングハンドブック』, LSI テスティング学会編, オーム社, pp.334-338, 2008 年.
[15] Y. Mitsui, F. Yano, H. Kakibayashi, H. Shichi, and T. Aoyama, *Microelectronics Reliability*, 41, pp.1171-1183, 2001.
[16] P. E. Batson, N. Dellby and O. L. Krivanek, "Sub-angstrom resolution using aberration corrected electron optics", *Nature*, 418, pp.617-620, 2002.
[17] Y. Zhu, H. Inada, K. Nakamura and J. Wall, "Imaging single atoms using secondary electrons with an aberration-corrected electron microscope", *Nature*

materials, 8, pp.808-812, 2009.
[18] R. Erni, M. D. Rossell, C. Kisielowski and U. Dahmen, "Atomic-resolution imaging with a sub-50-pm electron probe", *Physical review letters*, 102, 096101, 2009.
[19] 柿林，岩木，高口，鍛示：「走査透過電子顕微鏡による微細構造の3次元観察と元素／化学結合状態マッピング先端技術」，『日本応用磁気学会誌』，29，pp.374-381, 2005年.
[20] 馬場則男：「電子線トモグラフィー再構成の原理」，『顕微鏡』，Vol. 39, No.1, 2004年.
[21] T. Yaguchi, M. Konno, T. Kamino, M. Watanabe, "Observation of three-dimensional elemental distributions of a Si device using a 360-tilt FIB and the cold field-emission STEM system", *Ultramicroscopy*, 108, pp.1603-1615, 2008.
[22] H. Kakibayashi, K. Nakamura, R. Tsuneta and Y. Mitsui, "Atomic Species Analysis and Three-Dimensional Observations by High-Angle Hollow-Cone Dark-Field Transmission Electron Microscopy", *Jpn. J. Appl. Phys.*, Vol.34, pp.5032-5036, 1995.
[23] International Technology Roadmap for Semiconductors 2008, Table PID2 High Performance Logic Technology Requirements, Table PID3a and b Low Standby Power Technology Requirements, Table PID3c and d Low Operating Power Technology Requirements.
[24] 矢野，角村，西田，蒲原，平本：「ゲート絶縁膜／シリコン基板界面の原子レベル凹凸の評価」，2007年応用物理学関係連合講演会，27a-ZG-2.
[25] A. Cerezo, T. J. Godfrey and G. D. W. Smith, "Application of a position-sensitive detector to atom probe microanalysis", *Rev. Sci. Instrum.* 59, pp.862-886, 1988.
[26] T. F. Kelly, M. K. Miller, "Atom Probe Tomography", *Rev. Sci. Instrum.* 78, pp.031101, 2007.
[27] 宝野和博：「レーザー補助三次元アトムプローブによるナノ組織解析」，『応用物理』第79巻第4号，pp.317-320, 2010年.
[28] K. Inoue, F. Yano, A. Nishida, H. Takamizawa, T. Tsunomura, Y. Nagai, M.Hasegawa, "Dopant distributions in n-MOSFET structure observed by atom probe tomography", *Ultramicroscopy*, 109, pp.1479-1484, 2009.
[29] K. Inoue, F. Yano, A. Nishida, T. Tsunomura, T. Toyama, Y. Nagai, M. Hasegawa, "Monolayer segregation of As atoms at the interfance between

gate oxide and Si substrate in a metal-oxide semiconductor field effect transistor by three-dimensional atom-probe technique", *Appl. Phys. Lett.*, 92, pp.103506-1-3, 2008.

[30] 永井, 井上, 外山：「アトムプローブによる半導体中の不純物の三次元評価技術に関する研究」, 半導体 MIRAI プロジェクト成果報告会資料, p.142, 2007 年.

[31] L. Zhang, K. Ohuchi, K. Adachi, K. Ishimaru, and M. Takayanagi, A. Nishiyama, "High-resolution characterization of ultrashallow junctions by measuring in vacuum with scanning spreading resistance microscopy", *Appl. Phys. Lett.* 90, pp.192103-1-3, 2007.

[32] H. Fukutome, Y. Momiyama, T. Kubo, E. Yoshida, H. Morioka, M. Tajima, T. Aoyama, "Suppression of poly-Gate-Induced Fluctuations in Carrier Profiles of Sub-50nm MOSFETs", *Tech. Abstr. Int. Electron Devices Meet. 2006*, San Francisco, Paper No.10.6, 2006.

[33] S. Terada, T. Aoyama, F. Yano and Y. Mitsui, "Time-resolved acquisition technique for spatially-resolved electron energy-loss spectroscopy by energy-filtering TEM", *J. Electron Microscopy*, 51 pp.291-296, 2002.

[34] S. Terada. K. Asayama. M. Tsujimoto. H. Kurata. and S. Isoda, "Chemical Shift of Election Energy-loss Near-Edge Structure on the Nitrogen K-Edge and Titanium L3-Edge at Tin/Ti Interface", *Microsc. Microanal.*, 15 pp.106-113, 2009,

第6章

寿命データ解析

　故障に関する解析には，第5章で紹介した「故障解析」と本章で解説する「寿命データ解析」がある．「故障解析」では個々の故障品を電気的，物理化学的に解析する．一方，「寿命データ解析」では多数の寿命データ(故障時間と故障原因)を統計的に解析する．両方の解析を行うことで広義の故障解析が完了する．

　本章では寿命データ解析の基礎となる3つの重要な理論分布(ワイブル分布，指数分布，対数正規分布)を解説した後，寿命データの4つのタイプ(完全データ，定時打切りデータ，定数打切りデータ，任意打切りデータ)と解析法の対応関係を説明し，具体的な解析と，その結果をもとにした信頼性予測が行えるところまで解説する．

第 6 章 寿命データ解析

6.1
寿命データ解析の位置付け

寿命データ解析は第 5 章の**故障解析**とはアプローチの仕方がまったく異なる．寿命データ解析は，故障解析とともに用いることで，**信頼性予測**，**信頼性設計**などに有益な手法となる．

図 6.1(a) に示すように，故障品個々の故障解析は第 5 章で取り上げた故障解析手法により，実施できる．解析の結果，故障モードや故障メカニズムが確定する．故障メカニズムや故障モードが確定した故障品の，故障時間を統計的に

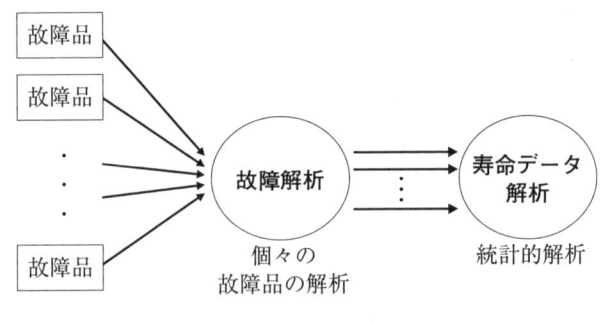

(a) 理想的な手順

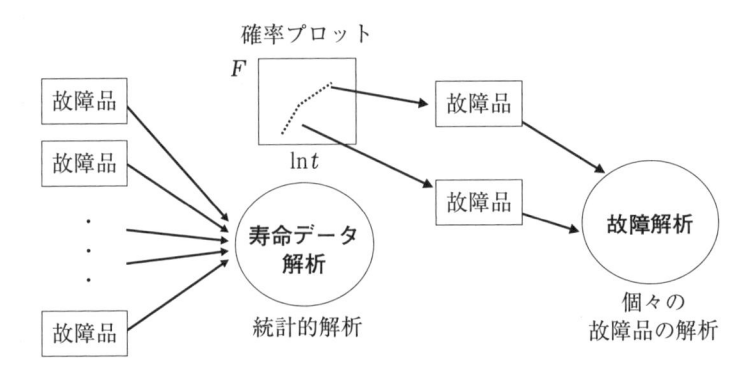

(b) 現実に多い手順

図 6.1 寿命データ解析と故障解析の関係

6.1 寿命データ解析の位置付け

解析するのが，本章で扱う寿命データ解析である．このような順に解析するのが理想的ではあるが，通常は時間や工数の制約上，図6.1(b)に示すように，故障解析を行う前に，寿命データ解析を行うことが多い．寿命データ解析の結果から，図中に示したように，確率プロットであてはめ線が折れ曲がるなどして，異なる故障メカニズムや故障モードが混在していることが推定できた場合は，同一の故障メカニズムや故障モードと推定される一群毎にサンプリングし，故障解析を行う．

寿命データ解析を行うことで，対象となる**母集団**がどのような**理論分布**で近似できるのかを知ることができ，**適合する分布**がわかった場合，その**分布のパラメータ**を推定することができる．

図6.2に**寿命データ解析**と**信頼性設計・信頼性予測**の関係を示す．信頼性予測の際は，寿命データ解析で適合することがわかった分布・寿命加速モデルと，推定したパラメータを元に，**故障率**を推定したり，**パーセント点**を推定したりする．信頼性予測結果をもとに，回路・レイアウト・プロセスの設計や変更の際の信頼性設計を行う．信頼性設計の結果は**寿命試験**により確認される．これらのプロセスを繰り返し行うことで**信頼性の作り込み**が確実に行える．

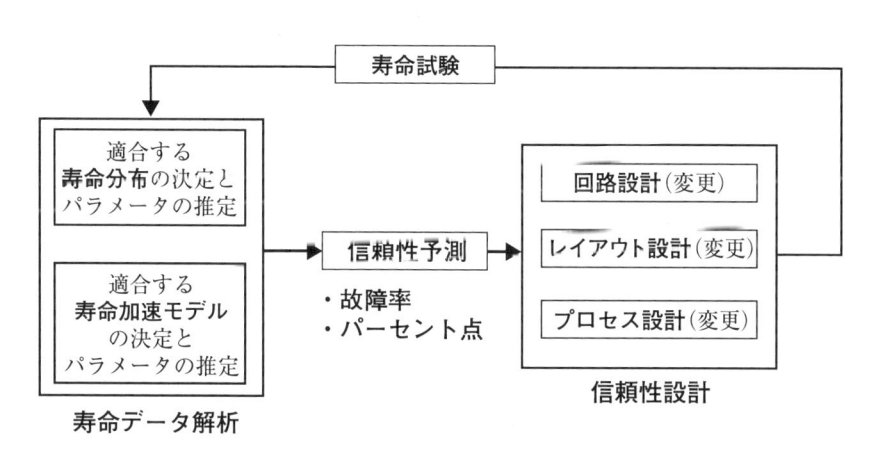

図6.2 寿命データ解析と信頼性予測・信頼性設計の関係

6.2
本章で扱う範囲

　図 6.3 に本章で扱う範囲の概要を示す．まず，寿命データ解析を行う際の基礎となる，**寿命分布の種類**と**寿命データのタイプ**について述べる．寿命分布のうち，よく用いられるものにはワイブル分布，対数正規分布，指数分布がある．寿命データを解析方法の違いにより，完全データ，定時打切りデータ，定数打切りデータ，任意打切りデータに分類できる．

　寿命データ解析法としてはワイブル確率プロット，対数正規確率プロット，ワイブル型累積ハザードプロットを取り上げる．指数分布の解析はワイブル分布の解析に含まれるため，特にそれだけを取り出しては扱わない．通常の初歩的な解説では，ここまでで終わる場合が多いが，それでは，任意打切り（ランダム打切りを含む）の場合の対数正規分布解析ができない．ここではこれが可能な方法として，**ハザード解析と確率プロットを融合した方法**も取り上げる．

　加速寿命試験データのうち，**べき乗型**や**指数型**の解析は通常の実験データの解析法と変わらないので取り上げない．ここでは，通常の実験データの解析においては扱われることの少ない，**温度加速寿命試験データの解析**に必要な，**アレニウスプロット**についてのみ解説する．

寿命分布の種類
- ワイブル分布
- 対数正規分布
- 指数分布

寿命データのタイプ
- 完全データ
- 定時打切りデータ
- 定数打切りデータ
- 任意打切りデータ

寿命データ解析の種類
- 寿命分布の解析
  - 確率解析
  - ハザード解析
  - ハザード・確率融合解析
- 寿命加速性の解析
  - アレニウスプロット

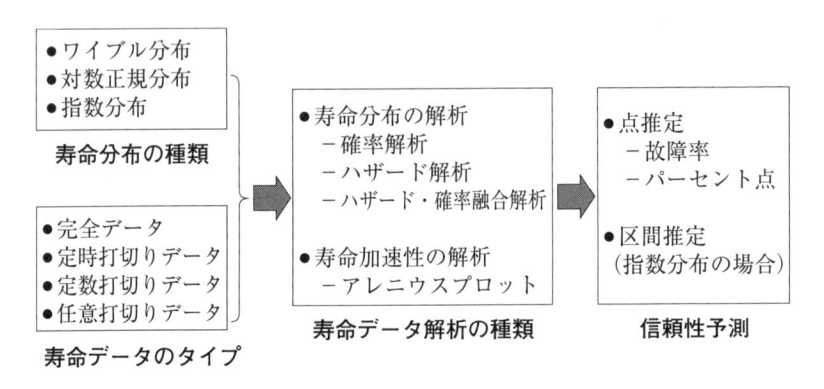

信頼性予測
- 点推定
  - 故障率
  - パーセント点
- 区間推定
  （指数分布の場合）

図 6.3　寿命データ解析法に関して本章で扱う範囲

最後に，**信頼性予測**を行う方法を解説する．予測のニーズが高い，ワイブル分布と対数正規分布の場合の，**故障率**と**パーセント点**(0.1％故障するまでの時間など)について予測法を述べる．指数分布はワイブル分布に含まれるが，ワイブル分布の場合より信頼性予測が詳細に行える(**点推定**だけでなく**区間推定**ができる)ので，別に取り上げる．

解析法・予測法ともに紙数の関係で概要を述べるにとどめるが，解析・予測に必要な手順は十分使えるところまで記す．背景・裏づけなどの詳細は参考文献［1］を参照されたい．また，**Excel を用いた解析法**については参考文献［2］を参照されたい．

6.3
寿命データ解析と信頼性予測に必要な寿命分布

寿命データ解析と**信頼性予測**に用いる主な理論分布は**ワイブル分布**，**対数正規分布**，**指数分布**の 3 種類である．これらを図 6.4 に示した**バスタブカーブ**との対応で説明する．バスタブカーブの横軸は時間，縦軸は故障率(λ)である．集積回路全体と記したカーブは一般的なバスタブカーブである．バスタブカーブは 3 つの期間に分かれる．**初期故障期**と呼ばれる期間では，最初は故障率が大きいが徐々に減少する．**偶発故障期**と呼ばれる期間は故障率がほぼ一定である．最後の**摩耗故障期**と呼ばれる期間は，故障率が徐々に上昇する．FM(エレクトロマイグレーション)の寄与分と記した線は EM 現象のみによる故障率の推移を示す線で，集積回路全体の故障率曲線のうち，摩耗故障期に寄与する．EM 現象は LSI の故障原因に関係する最も重要な物理現象の 1 つであるが，ここでは EM 現象そのものについては述べない．興味のある方は第 3 章を参照されたい．

この EM に起因する故障率の全体の故障率への寄与の意味を理解するためには，全体の故障率と部分の故障率がどのような関係にあるかを知っておく必要がある．図 6.5 に示すように LSI は**信頼度**の面からみると**直列系**である．す

第 6 章 寿命データ解析

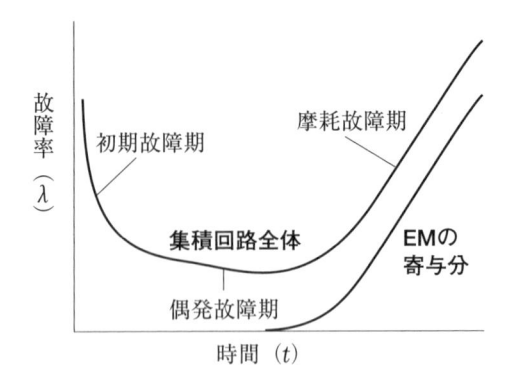

図 6.4 バスタブカーブ

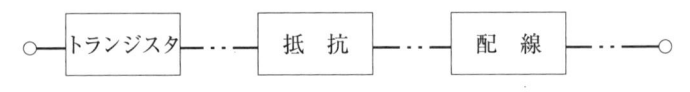

(図中ラベル: 故障率 (λ), 時間 (t), 初期故障期, 摩耗故障期, 偶発故障期, 集積回路全体, EMの寄与分)

図 6.5 LSI は信頼度面からみると直列系

(図中: トランジスタ — 抵抗 — 配線)

なわち，次式で表せる（ごく一部を取り出すと並列系の個所もあるが，その並列系の個所を一要素とみると全体としては直列系である）．

$$R_{LSI} = R_{Tr} \cdot R_r \cdot R_{int} \cdot R_{others}$$

ここで R_{LSI} は LSI 全体の信頼度，R_{Tr} は LSI を構成するトランジスタの信頼度（個々のトランジスタの信頼度の積），R_r は LSI を構成する抵抗の信頼度（個々の抵抗の信頼度の積），R_{int} は LSI を構成する配線の信頼度（個々の配線の信頼度の積），R_{others} は LSI を構成する他の部品・材料の信頼度（個々の部品・材料の信頼度の積）である．

これを故障率に変換すると次式のようになる．

$$\lambda_{LSI} = \lambda_{Tr} + \lambda_r + \lambda_{int} + \lambda_{others}$$

ここで λ_{LSI} は LSI 全体の故障率，λ_{Tr} は LSI を構成するトランジスタの故障率（個々のトランジスタの故障率の和），λ_r は LSI を構成する抵抗の故障率（個々の抵抗の故障率の和），λ_{int} は LSI を構成する配線の故障率（個々の配線の故障率の和），λ_{others} は LSI を構成する他の部品・材料の故障率（個々の部品・材料の故障率の和）である．

6.3 寿命データ解析と信頼性予測に必要な寿命分布

すなわち，LSI 全体の故障率は個々の構成部分の故障率の和で表せる．これが，**EM 起因の故障率**の **LSI 全体の故障率**への寄与分が，図 6.4 のように単純に表せる理由である．

次に，この**バスタブカーブ**と 3 つの理論分布の関係を述べる．**ワイブル分布**は，この 3 つの故障期のどの期間も，形状パラメータ(m)を変えることで表せる．**対数正規分布**は，初期故障期と摩耗故障期の 2 つの期間について，形状パラメータ(σ)を変えることで表せる．**指数分布**は偶発故障期を表せる．

ワイブル分布の**信頼度関数**は次式で表せる．

$$R(t) = \exp\left(-\left(\frac{t}{\eta}\right)^m\right)$$

ここで，**m** は**形状パラメータ**，η は**尺度パラメータ**である．なお，時間の原点のずれを表すパラメータを用いる場合もあるが，現実にはほとんどないので，ここでは省略した．

η が 1×10^6 時間の場合について，m を 0.2, 0.5, 1, 2, 5 と変えた場合の信頼度関数(R)を図 6.6 に示す．LSI の信頼性を表現する場合によく使われるのは**パーセント点**と**故障率**である．**パーセント点**とは，**不信頼度**(F)があるパーセン

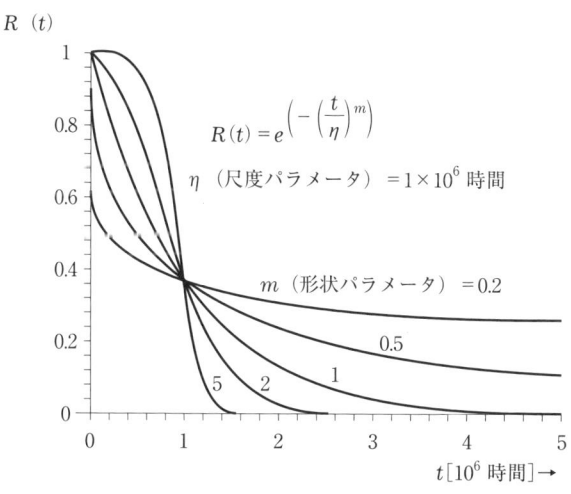

図 6.6 ワイブル分布の信頼度関数

トに達する時間である．F と R の関係は次式で表せる．

$$F(t) = 1 - R(t)$$

通常は 0.01% 点 ($t_{0.01}$) や 0.1% 点 ($t_{0.1}$) が使われる．詳細は 6.6.2 項で述べる．
故障率は次式で表せる．

$$\lambda(t) = \frac{m}{\eta^m} t^{(m-1)}$$

η が 1×10^6 時間の場合について，m を 0.2, 0.5, 1, 2, 5 と変えたとき故障率がどのように変わるかを図 6.7 に示す．m が 0.2, 0.5 のように 1 より小さいときには故障率は単調に減少し，バスタブカーブの**初期故障期**を表している．m が 1 のときには故障率は一定でバスタブカーブの**偶発故障期**を表している．また，このときは以下のように**指数分布**であることがわかる．

$$\lambda(t) = \frac{1}{\eta} = \lambda \quad (一定)$$

$$R(t) = \exp\left(-\frac{t}{\eta}\right) = \exp(-\lambda t)$$

m が 2, 5 のように 1 より大きいときには故障率は単調に増加し，バスタブカーブの**摩耗故障期**を表している．

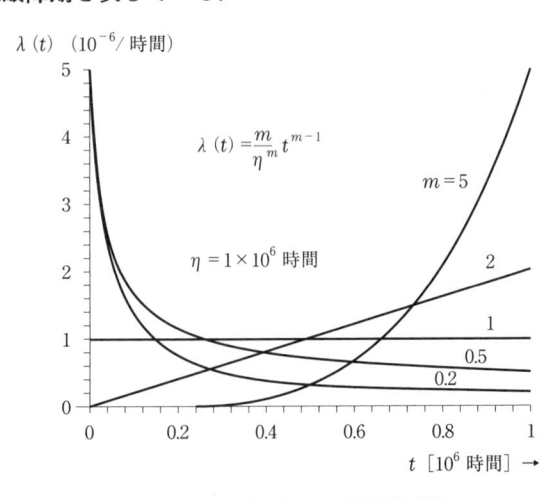

図 6.7　ワイブル分布の故障率関数

6.3 寿命データ解析と信頼性予測に必要な寿命分布

対数正規分布の**確率密度**は次式で表せる．時間の原点のずれを表すパラメータを用いる場合もあるが，現実的にはほとんどないので，ここでは省略した．

$$f(t) = \frac{1}{\sqrt{2\pi}\sigma t} \exp\left(-\frac{1}{2} \frac{(\ln t - \ln t_{50})^2}{\sigma^2}\right)$$

ここで，σ は**形状パラメータ**，t_{50} は**メディアン寿命**である．

故障率はこれを次式に代入して求める．

$$\lambda(t) = \frac{f(t)}{R(t)} = \frac{f(t)}{\int_t^\infty f(t)\,dt}$$

多くの場合には $R(t)$ は 1 で近似できるので，

$$\lambda(t) \fallingdotseq f(t)$$

で求められる．

t_{50} が 1×10^6 時間の場合について，σ を 0.5, 1, 2, 5 と変えたとき，λ がどのように変化するかを図 6.8 に示す．σ が 0.5 の場合は単調に増加しているが，1 や 2 の場合には初期は単調増加し，その後ピークを経て単調に減少している．5 の場合は単調に減少している．この図ではわからないが，時間軸をもっと広い範囲で見ると，すべての σ に対して初期は単調に増加し，ピークを経て単調に減少する（図でも $m=1, 2$ ではその様子が見える）．

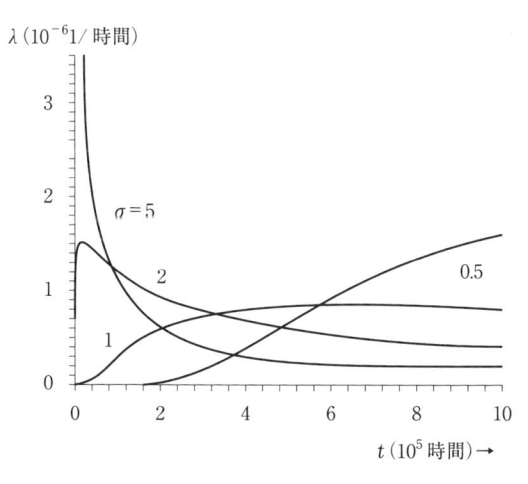

図 6.8 対数正規分布の故障率関数

6.4

寿命データ解析法

　寿命データのタイプと解析法との間の関係を図6.9にまとめて示す．寿命データのタイプによって解析法が異なるので，まず寿命データの4つのタイプについて説明する．解析する方法には，ビジュアルな方法と数式のみを使う方法がある．ビジュアルな方法には，確率(**累積故障確率**：F)をベースにするもの(F解析)と，故障率(λ)の累積分布関数である**累積ハザード**(H)をベースにするもの(H解析)がある．また，λを推定した後，その累積値の累積ハザード(H)を求め，その後HをFに変換し，そのFをプロットする方法もある($H{\rightarrow}F$解析)．

　F解析ではワイブル分布を前提とするものと，対数正規分布を前提にするものを取り上げる．H解析ではワイブル分布を前提にするものを扱う．$H{\rightarrow}F$解析では，対数正規分布に関するものを解説する．

　完全データ，定時打切りデータ，定数打切りデータの3つのタイプのデータはF解析でもH解析でも$H{\rightarrow}F$解析でも可能である．通常は最も有効な解析ができるF解析を行う．**任意打切りデータ**の場合は，ワイブル分布を想定する場合と対数正規分布を想定する場合では解析法が異なる．ワイブル分布を想定する場合は，H解析でも$H{\rightarrow}F$解析でも可能であるが，対数正規分布を想

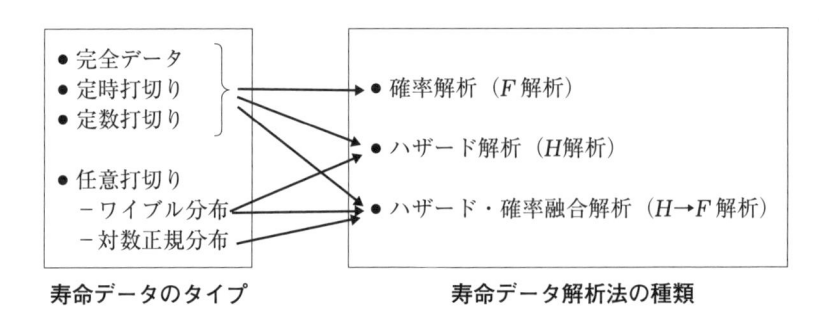

図6.9　寿命データのタイプと寿命データ解析法の種類の対応関係

6.4 寿命データ解析法

定する場合は，$H \to F$ 解析しか使えない．

数式のみを使う解析方法は，指数分布を前提としたものを説明する．

6.4.1 寿命データの分類

寿命データは解析する観点から，図 6.10 に示すように，(a) **完全データ**，(b) **定時打切りデータ**，(c) **定数打切りデータ**，(d) **任意打切りデータ**に分類する必要がある．

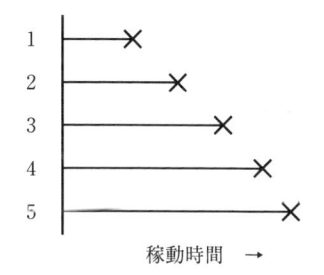

(a) 完全データ

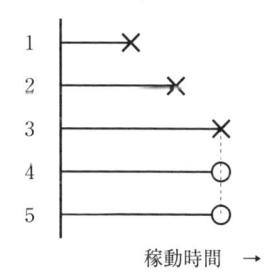

(b) 定時打切りデータ

(c) 定数打切りデータ

(d) 任意打切りデータ

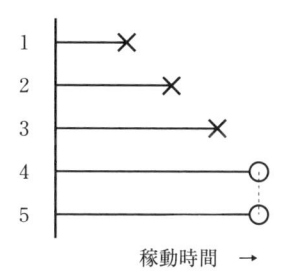

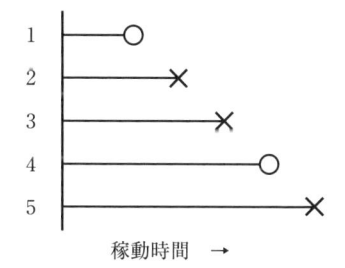

×：故障時点
○：観測打切り時点

図 6.10 解析する面からみた寿命データの分類

(a)の**完全データ**は，すべてのサンプルに対して，**故障原因(故障モードと故障メカニズム)**が同じで，故障時間がわかっているデータである．このようなデータは **TEG**(Test Element Group，試験専用の構造)で加速寿命試験をした場合に得られることが多い．

(b)の**定時打切りデータ**は，実際の LSI で加速寿命試験を実施する際，1000時間とか 2000 時間とか，試験時間を決めて実施する際に得られるデータである．試験を打ち切った時点までに故障したサンプルの故障原因はすべて同じで，故障時間はすべて得られている．他のサンプルに関しては，その時点までは故障しなかったという情報が得られる．

(c)の**定数打切りデータ**は，10 個なり，20 個なり，ある個数が故障した時点で試験を打ち切る．実際の寿命データ解析の現場で得られることはほとんどないが，理論的には，定時打切りデータより正確な信頼性予測が可能なデータのタイプである．試験を打ち切った時点までに故障したサンプルの，故障原因はすべて同じで，故障時間はすべて得られている．他のサンプルに関しては，その時点までは故障しなかったという情報が得られる．

(d)の**任意打切りデータ**は，最も一般的なデータのタイプである．**ランダム打切りデータ**と呼ばれることもあるが，実際にはランダムに打ち切るとは限らないので，ここでは任意打切りデータと呼ぶ．フィールドデータの多くは任意打切りデータである．加速寿命試験データで任意打切りデータが得られるのは，**故障原因が混在**する場合である．このような場合は，**見かけ上完全データ**であっても，故障原因ごとに解析する必要がある．着目した故障原因のものだけを故障時間として扱い，他の故障原因のものは**打切りデータ**として扱う．

6.4.2 寿命データの例とタイプ別解析法概要

データの例をみる．ここでは考え方の基本を説明するためにサンプル数が 5 個の場合で説明するが，通常の解析では 5 個のサンプルでは少なすぎる．誤解のないように注意されたい．

表 6.1 に**完全データ**の生データの例を示す．

6.4 寿命データ解析法

表 6.1 完全データの例（生データ）

サンプル番号	故障時間	故障原因
1	2090	a
2	530	a
3	321	a
4	1570	a
5	981	a

表 6.2 完全データの例（並べ替え後）

故障順位	故障時間	故障原因
1	321	a
2	530	a
3	981	a
4	1570	a
5	2090	a

故障原因は 5 個とも同じ a で，5 個すべての故障時間が判明している．このデータを解析する際，表 6.2 に示すように，まず故障時間の短いものから順に並べかえる．このような完全データは最も扱いやすい．F 解析，H 解析，$H \rightarrow F$ 解析の，すべての解析法が適用できる．通常は F 解析を適用する．F 解析を適用すると，他の解析法ではできない F の**区間推定**ができるというメリットがある：メディアンランク以外に 90% ランクなどで打点する．

表 6.3 には**定時打切りデータ**の例（並べ替え後）を示す．1000 時間で打ち切ったため，その時点まで故障しなかったサンプルには 1000 時間で打ち切ったことを示す「o」のマークを付ける．このデータもすべての解析法が適用できる．通常は F 解析を適用する．指数分布であることがわかっている場合，あるいは上記プロット法で解析した結果指数分布であると考えていいことがわかった場合は，数式のみによる解析で故障率の区間推定ができる．**区間推定**とは，ある確率（例えば 90%，**信頼水準**という）で故障率が実現する範囲を推定することである．故障率の区間推定では下限値の推定は実用性がないので，上限値のみを求めることが多い．

表 6.4 には**定数打切りデータ**の例（並べ替え後）を示す．3 個故障した時点（981 時間）で打ち切ったため，その時点まで故障しなかったサンプルには 981 時間で打ち切ったことを示す「o」のマークを付ける．このデータもすべての解析法が適用できるが，通常は F 解析を適用する．指数分布であることがわかっている場合，あるいは上記プロット法で解析した結果指数分布であると考えていいことがわかった場合は，数値解析で故障率の区間推定ができる．ここで注

表 6.3　定時打切りデータの例

故障順位	故障時間	故障原因
1	321	a
2	530	a
3	981	a
4	1000	o
5	1000	o

表 6.4　定数打切りデータの例

故障順位	故障時間	故障原因
1	321	a
2	530	a
3	981	a
4	981	o
5	981	o

表 6.5　任意打切りデータの例(並べ替え後)：故障原因が 2 つの場合

故障順位	故障時間	故障原因
1	321	a
2	530	b
3	981	a
4	1570	a
5	2090	b

意が必要なのは，定数打切りデータの場合と定時打切りデータの場合では，区間推定の際の係数が少し異なることである．詳細は 6.6.4 項で述べる．

表 6.5 に**任意打切りデータ**の例を示す．故障原因が「a」と「b」のふたつある場合である．このままでは解析できないので，表 6.6 に示すように，どちらかの故障原因に着目し，着目しないほうのデータは打切りデータとみなして解析する．

表 6.6(a) は故障原因 a に着目した場合である．故障原因 b のデータは**中途打切りデータ**とみなして「o」印を付けてある．このタイプのデータを直接確率プロットすることはできない．その理由は F の値を直接推定できないからである．まず，**故障率を推定**し，その累積である**累積ハザード値**(H) を推定する．H の推定値を用いれば**累積ハザードプロット**ができる (H **解析**)．ただ，累積ハザードプロット法はワイブル分布を前提にしたものしかないため，対数正規分布を前提にした解析を行いたい場合には，H を F に変換し，**確率プロット**を行う ($H \to F$ **解析**)．

表 6.6 任意打切りデータの例（並べ替え後）：個々の故障原因に着目

(a) 故障原因 a に着目

故障順位	故障時間	故障原因
1	321	a
2	530	o
3	981	a
4	1570	a
5	2090	o

(b) 故障原因 b に着目

故障順位	故障時間	故障原因
1	321	o
2	530	b
3	981	o
4	1570	o
5	2090	b

表 6.6(b) は故障原因 b に着目した場合である．故障原因 a のデータは**中途打切りデータとみなして**「o」印を付けてある．このデータの解析法は表 6.6(a) の解析法と同じである．

以上，見てきたように，寿命データ解析においては，故障したサンプルの**故障原因**がわかっていることが重要である．故障原因を知るためには**故障解析**が不可欠である．

6.4.3 ワイブル確率プロットによる解析

ワイブル分布の累積分布関数（不信頼度）は前述したように次式で表せる．

$$F(t) = 1 - \exp\left(-\left(\frac{t}{\eta}\right)^m\right)$$

この式を変形すると，次式が得られる．

$$\ln\ln\left(\frac{1}{1-F(t)}\right) = m\ln t - m\ln\eta$$

ワイブル確率プロットでは，図 6.11 に示すように，$\ln\ln\left(\frac{1}{1-F(t)}\right)$ を縦軸でリニアになるように目盛り，横軸は時間の対数で目盛る．このように目盛るとワイブル分布は直線になる．直線になることが**確率紙**のミソである．プロットした点に直線を当てはめ，**分布への適合性**の判断と，適合した場合の**パラメータの推定**がビジュアルに行える．ビジュアルに解析する際は，F の値を見て

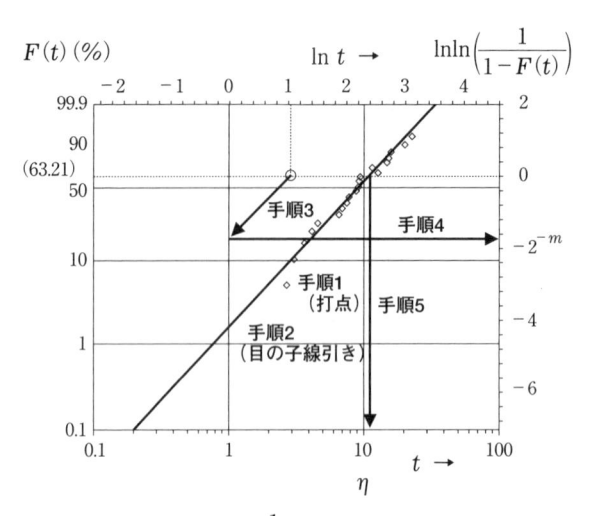

第6章　寿命データ解析

図6.11　ワイブル確率プロット法

元になる式：$\ln\ln\dfrac{1}{1-F(t)} = m\ln t - m\ln\eta$　（式1）

m：形状パラメータ，η：尺度パラメータ

プロットするので，Fの値を縦軸の左に目盛り，$\ln\ln\left(\dfrac{1}{1-F(t)}\right)$は右に目盛る．故障時間もそのまま対数目盛り上にプロットするので，横軸の下の軸の目盛りは時間をそのまま記してある．解析する際の便宜上，横軸の上の軸には時間の対数（$\ln t$）の値を記してある．このような構成の用紙を**ワイブル確率紙**という．

ワイブル確率紙やこの後述べる**対数正規確率紙**上に寿命データをプロットする際，通常のデータのプロットと異なる点は以下の2点である．

(1) Fの値はメディアンランクを用いる

(2) プロットした点を元に**目の子**で直線を引く．**最小二乗法**で直線を引いてはいけない．

メディアンランクはデータの大きさの順序のみを元にした統計（順序統計）に基づいて得られる．そのデータの分布のメディアン値（中央値）の推定値である．**メディアンランク**の値は非常に良い近似で以下の式で表せる．

$$(i-0.3)/(n+0.4)$$

ここで，i は故障順位，n はサンプル数，である．

次に，図 6.11 を元に**ワイブル確率プロットの手順**を述べる．

(手順 1)

(故障時間，F のメディアンランク)の組を打点する．

(手順 2)

打点した点をもとに，**目の子**で直線を引く．その際，注意すべき点は，縦軸の F の値に注目して重み付けを考えながら引くことである．図 6.11 を見るとわかるように，F が 50% と 90% の間は確率としては 40% もあるのに，長さは 10% と 1% の間の 9% 分の確率の範囲より狭い．これが最小二乗法を用いてはいけない理由である．この目の子線が打点からそれほどはずれていなければ，サンプルの元の母集団の寿命分布はワイブル分布で近似できると考えてよい．精度を上げるためにはサンプル数を増やす必要がある．

ワイブル分布で近似できるとわかったら，次はパラメータの推定を行う．

(手順 3)

$\ln t = 1$ と $\ln\ln(\frac{1}{1-F(t)}) = 0$ の線の交点に丸印がある．この点を通り，上記目の子線と平行な線を引く．

(手順 4)

この線と $\ln t = 0$ の線が交わる点の，縦軸の右側の値を読む．この値が $-m$ の推定値である．

(手順 5)

上記目の子線と $\ln\ln(\frac{1}{1-F(t)}) = 0$ の線が交わる点の時間を読む．この値が η の推定値である．

このように，ワイブル確率プロットを行えば，比較的簡単にワイブル分布への適合性とパラメータの推定ができる．

Excel を用いる場合は**目の子線引き**などで少し工夫が必要である．詳細は参

考文献 [2] を参照されたい.

6.4.4 対数正規確率プロットによる解析

対数正規確率プロットによる解析方法も，基本的にはワイブルプロットと同じである．異なるところのみ説明する．

$(\ln t - \ln t_{50})/\sigma$ が**標準正規分布**に従うことから，次式のように記述できる．

$$\Phi^{-1}(\cdot) = (\ln t - \ln t_{50})/\sigma$$

この性質を利用して，縦軸は標準正規分布の逆関数 ($\Phi^{-1}(\cdot)$) がリニアになるように目盛る．図 6.12 のような構成をとれば，その図上での直線が対数正規分にのることがわかる．なお図 6.12 の縦軸の表記は日科技連タイプの対数正規確率紙の表記に従った．上述の記号との対応は，$\Phi^{-1}(0):F(\mu)$，$\Phi^{-1}(1):F(\mu+\sigma)$，$\Phi^{-1}(-1):F(\mu-\sigma)$，などである．

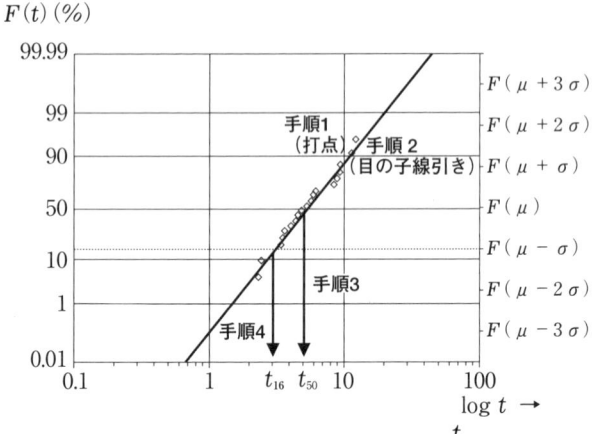

手順5（計算） $\sigma = \ln t_{50} - \ln t_{16} = \ln \dfrac{t_{50}}{t_{16}}$

元になる式：$\Phi^{-1}(F) = \dfrac{1}{\sigma}\ln t - \dfrac{1}{\sigma}\ln t_{50}$ （式1）

直線の傾き
$\begin{pmatrix} x \text{軸を} \ln t \text{と} \\ \text{みなした場合} \end{pmatrix} : \dfrac{1}{\ln t_{50} - \ln t_{16}} = \dfrac{1}{\sigma}$ （式2）

図 6.12 対数正規確率プロット法

図中に解析手順1から5も示してある.

手順1,2はワイブルプロットの場合と同じである.手順3,4としてt_{50}とt_{16}を求める方法は,目の子線の$F=50\%$と16%での時間を直読するだけである.手順5でσを求めるには手順3,4で求めたt_{50}とt_{16}を元に以下の式を計算すればよい.

$$\sigma = \ln(t_{50}/t_{16})$$

Excelを用いる場合は目の子線引きなどで少し工夫が必要である.詳細は参考文献[2]を参照されたい.

6.4.5 ワイブル型累積ハザードプロットによる解析

確率プロット法では確率Fをベースにプロットしたが,**累積ハザードプロット法**では累積ハザードHをベースにプロットする.Hは次式で定義される.

$$H(t) = \int_0^t \lambda(t)\,dt$$

すなわち,**故障率の累積分布**である.累積故障率と呼んでもよさそうであるが,歴史的経緯で**累積ハザード**と呼ぶ.ハザードという呼び方は医療統計からきている.

故障率が推定できれば,その累積和としてHが推定できる.

Hを推定する手順を,表6.7を元に説明する.このデータは表6.6(a)で示したものと同じである.故障率の推定には逆順位という概念を用いる.逆順位は,その故障が起きる直前までの残存数である.λの推定には逆順位の逆数を取ればよい.表6.7の故障順位1の逆順位は5でその逆数20%がλの推定値になる.この時点ではHの推定値はλの推定値と等しい.故障順位2は中途打切りなのでλの推定は行えない.故障順位3の逆順位3の逆数33.3%が次のλの推定値となる.この時点のHの推定値は53.3%となる.以下,同様の計算を進めればよい.

このようにして得られた値を累積ハザード紙にプロットする.ワイブル型の累積ハザード紙の構成は,以下のように式を変形することで導ける.

表 6.7 累積ハザード値の求め方

故障順位	故障時間	故障原因	逆順位 $n-i+1$	λの推定値(%)	Hの推定値(%)
1	321	a	5	20	20
2	530	o	4		
3	981	a	3	33.3	53.3
4	1570	a	2	50	103.3
5	2090	o	1		

H の定義式にワイブル分布の式を代入して次式が得られる．

$$H(t) = \int_0^t \lambda(t)\,dt = \int_0^t \frac{m}{\eta^m} t^{(m-1)} dt = \left(\frac{t}{\eta}\right)^m$$

両辺の対数をとって，次式が得られる．

$$\ln H(t) = m\ln t - m\ln \eta$$

この式から，縦軸に $\ln H(t)$，横軸に $\ln t$ をとれば，ワイブル分布が直線にのることがわかる．

図 6.13 に累積ハザード紙の構成とプロット法を示す．構成法，使用法ともワイブル確率プロットと類似なので，説明は省略する．

6.4.6 故障率を推定し確率プロットを行う方法（$H \rightarrow F$ 解析）

任意打切りデータを，**対数正規分布**を前提として解析する際，累積ハザード紙が容易には構成できないので，別の手（$H \rightarrow F$ **解析**）を用いる．ここで述べる方法は**ワイブル分布**を前提とした場合の解析にも利用できる．

（手順1）

表 6.7 を元に説明した方法で，故障率を推定し，その累積和として累積ハザード値の推定値を求める．

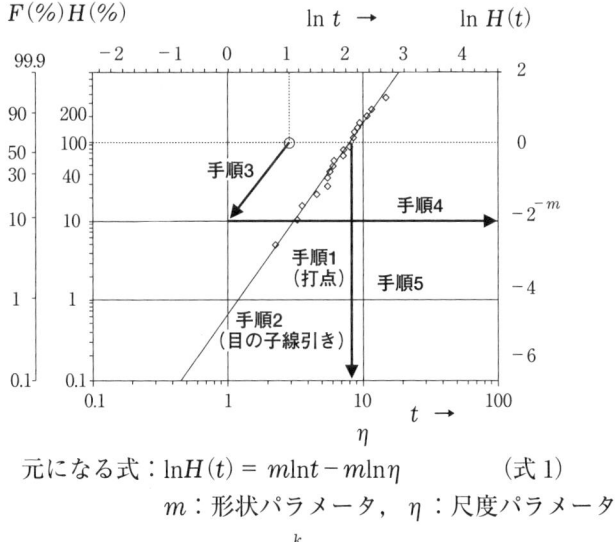

元になる式：$\ln H(t) = m\ln t - m\ln \eta$　　　（式1）
　　　　　m：形状パラメータ，η：尺度パラメータ

$H(t)$の推定値：$\hat{H}_k(t) = \sum_{i=1}^{k} \hat{\lambda}_i(t)$　　　（式2）

$\lambda(t)$の推定値：$\hat{\lambda}_i(t) = \dfrac{1}{(n-i+1)}$　　　（式3）

i, k：打切りも含めた順位
　　　足し算は対象故障モードについてのみ行う

図 6.13　累積ハザードプロット法

（手順2）

以下の H と F の関係から F の推定値を求める（表6.8）．
　　$F(t) = 1 - \exp(-H(t))$

（手順3）

メディアンランクの代わりに上記 F の推定値を用いて，図6.12で示した対数正規確率紙を用いて確率プロットを行う．

（手順4）

対数正規確率プロットの項で述べた手順2から5に従い，解析する．

表 6.8 任意打切りデータでの累積故障確率の求め方

故障順位	故障時間	故障原因	逆順位 $n-i+1$	λの推定値(%)	Hの推定値(%)	Fの推定値(%)
1	321	a	5	20	20	18.1
2	530	o	4			
3	981	a	3	33.3	53.3	41.3
4	1570	a	2	50	103.3	64.4
5	2090	o	1			

このように比較的簡単に解析できるが,従来の類書ではこの方法はほとんど紹介されていない.

6.5

アレニウスプロット法

温度加速寿命試験結果の解析には**アレニウスプロット**を用いる.その元になる**アレニウスの式**は,元々は化学反応を表す式であるが,故障時間の温度加速性を表すためにも使うことができる.

図 6.14 にアレニウスの式とその式に表れる**活性化エネルギー**の概念図を示す.図中の式1が化学反応の速度と温度の関係を表す,アレニウスの式である.式中の ϕ は活性化エネルギーであり,その意味は図に示されるように,反応前の状態から反応後の状態に移行する際に乗り越えるべきエネルギー障壁の高さである.

この化学反応の式を寿命と結びつけ,寿命に対するアレニウス則を導く考え方を以下に記す.寿命に関連する劣化量 D が,次式のように反応速度 K の一次式で表せるとする.

$$D = Kt$$

劣化量 D_L で**寿命** L に達するとすると次式が得られる.

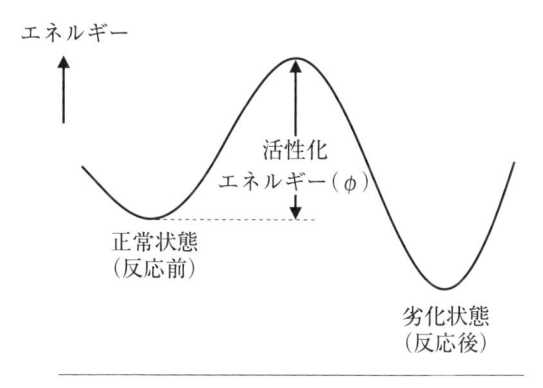

エネルギー↑

活性化
エネルギー(ϕ)

正常状態
(反応前)

劣化状態
(反応後)

アレニウスの式: $K = A \exp\left(-\dfrac{\phi}{kT}\right)$ （式1）
K: 反応速度, A: 定数, ϕ: 活性化エネルギー
k: ボルツマン定数, T: 絶対温度(℃ + 273.15)

図 6.14 アレニウスの式と活性化エネルギー

$$D_L = KL$$

この式と図 6.14 中の式 1 より，次式が得られる．

$$L = \frac{D_L}{A} \exp\left(\frac{\phi}{kT}\right)$$

この式が寿命に関するアレニウス則である．両辺の対数をとると次式が得られる．

$$\ln L = \frac{\phi}{k} \cdot \frac{1}{T} + \ln\left(\frac{D_L}{A}\right)$$

図 6.15 に示すように，横軸に $1/T$，縦軸に $\ln L$ をとると，傾きは $\dfrac{\phi}{k}$ となるため，この構成の図にデータをプロットすることで活性化エネルギーが求まる．これを**アレニウスプロット**と呼ぶ．プロット以降の解析法は通常のデータの解析法と同じなので，省略する．寿命 L としては**平均寿命**や**メディアン寿命**が用いられる．

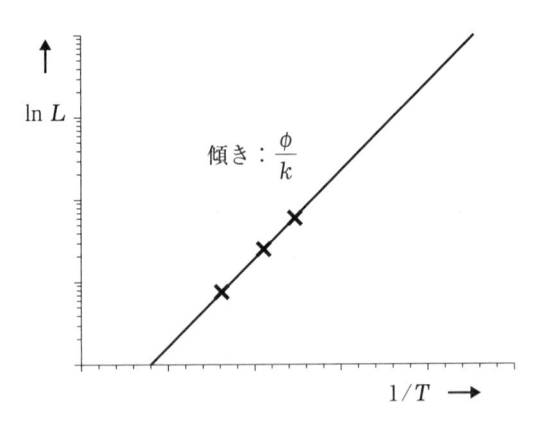

図 6.15 寿命に対するアレニウスプロット

6.6
信頼性予測法

　LSIの**信頼性予測**の際によく用いられる**信頼性特性値**は**故障率**と**パーセント点**である．故障率の推定値は，寿命データ解析の結果わかった分布の理論式とパラメータを元に計算する．指数分布を前提にすれば区間推定も簡単にできる．いずれの場合でも **Excel** で**計算**できる程度の式であるため，詳細は述べない．各々の場合について，簡単な例をあげるにとどめる．パーセント点の求め方に関しては，ワイブル分布と対数正規分布の場合について簡単に記す．

6.6.1　指数分布以外の故障率の推定法 ● ● ● ● ● ● ● ● ● ● ● ● ● ● ● ● ● ●

　対数正規分布の例を示す．**加速寿命試験**を行い，実使用条件に換算した結果，t_{50} は 1.8×10^6 h，σ は 0.5 の値が得られたとする．

　この値を前述の対数正規分布の故障率を表す式に代入して計算する．この際，R は 1 で近似できる（誤差 0.01% 程度以下）から f のみを計算すれば十分である．計算した結果を図 6.16 に示す．主な時点での値は，2.1×10^{-20} FIT（1年後），1.0×10^{-14} FIT（2年後），1.8×10^{-8} FIT（5年後），1.1×10^{-4} FIT（10年後）

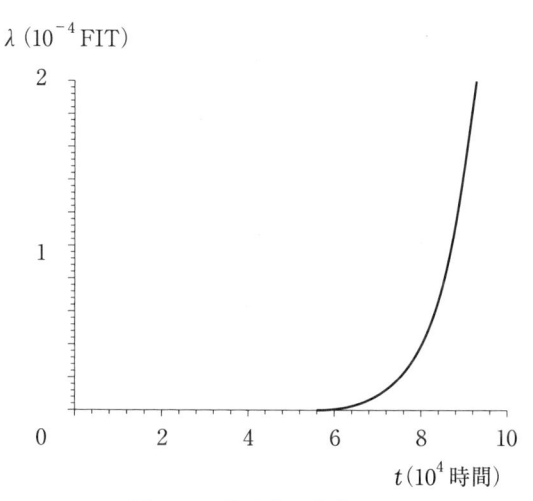

図 6.16 故障率の推移例

である.

このような配線が LSI の中に 1,000 万個所あるとすると，各々 10^7 倍した 2.1×10^{-13} FIT（1 年後），1.0×10^{-7} FIT（2 年後），1.8×10^{-1} FIT（5 年後），1.1×10^3 FIT（10 年後）が，この構造の配線部分の EM 寄与分として**配分される故障率**となる．これらの値が設計値として満足すべきものであるか否かは，この LSI の用途や**信頼性設計**の個々の事例により異なる．例えば，5 年後の 0.18FIT という値は，ほとんどすべての用途において十分な値である．10 年後の 1,100 FIT という値は，用途により十分な場合と不十分な場合があろう．また，LSI が実際に動作している時間は**暦時間**とは異なる．この点を考慮すると，さらに多くの用途で十分な値となるであろう．

6.6.2 パーセント点の推定法

(1) ワイブル分布の場合のパーセント点の推定法

ワイブル分布の場合の p パーセント点 (t_p) は，前述のワイブル分布の F を表す式を t について解くと，

$$t = \eta \exp(\ln(-\ln(1-F))/m)$$

となるので，
$$t_p = \eta \exp(\ln(-\ln(1-p/100))/m)$$
を計算することで得られる．

[例題 6.1]

ワイブル分布で η が 1.5×10^6 時間，m が 1.8 の場合の $t_{0.01}$ の値を求めよ．

[解答例 6.1]

$t_{0.01} = 1.5 \times 10^6 \times \exp(\ln(-\ln(1-0.01/100))/1.8) = 9.0 \times 10^3$（時間）

(2) 対数正規分布の場合のパーセント点の推定法

対数正規分布の場合の p パーセント点 (t_p) は，次のようにして得られる．

基準化偏差 $x = (\ln t - \ln t_{50})/\sigma$ は標準正規分布 Φ に従う．

この式を変形すると，
$$t = t_{50} \exp(\sigma x)$$
となるから，
$$t_p = t_{50} \exp(\sigma x_p)$$
より t_p が求められる．ここで，x_p は p パーセント点に対応する基準化偏差であり，
$$x_p = \Phi^{-1}(p/100),$$
ここで，Φ^{-1} は標準正規分布の逆関数である．

例えば，$x_{0.1} = -3.090$，$x_{0.01} = -3.719$，$x_{0.001} = -4.265$ である．

[例題 6.2]

対数正規分布で t_{50} が 1.1×10^6 時間，σ が 0.69 の場合の $t_{0.01}$ の値を求めよ．

[解答例 6.2]

$t_{0.01} = 1.1 \times 10^6 \times \exp(0.69 \times (-3.719)) = 8.5 \times 10^4$（時間）

6.6.3 少数サンプルで寿命データ解析・信頼性予測する場合の注意点

分布が未知の場合に**少数サンプル**で**寿命データ解析**を行い，その結果をもとに**信頼性予測**を行うと，予測値が大きく異なることがある．

例えば，20個のサンプルでの寿命試験データ(完全データ)を，**ワイブル確率プロット**と**対数正規確率プロット**したところ，どちらの分布でもよく近似できることがわかった例が参考文献［1］にあげてある．その例で求めたワイブル分布のパラメータと対数正規分布のパラメータの値が，6.6.2項の2つの例題で用いた値である．各々の解答例を見るとわかるように0.01%点の予測値が一桁も異なる．

[例題 6.3]

上記のパラメータを用いて，ワイブル分布と対数正規分布の1万時間(1年強)での故障率を比較せよ．

[解答例 6.3]

・ワイブル分布 ($\eta : 1.5 \times 10^6$ 時間, $m : 1.8$)

$\lambda(1 \times 10^4) = 1.8/(1.5 \times 10^6)\ ((1 \times 10^4)/(1.5 \times 10^6))^{0.8} = 2.2 \times 10^{-8}$ (/時間)

・対数正規分布 ($t_{50} : 1.1 \times 10^6$ 時間, $\sigma : 0.69$)

$$\lambda(1 \times 10^4) = \frac{1}{\sqrt{2\pi} \times 0.69 \times 1 \times 10^4} \exp\left(-\frac{(\ln(1 \times 10^4) - \ln(1.1 \times 10^6))^2}{2 \times 0.69^2}\right)$$

$= 4.8 \times 10^{-15}$ (/時間)

両者の比は 4.5×10^6 もある．

詳細は参考文献［1］を参照されたい．

6.6.4 指数分布を前提とした故障率の区間推定

カイ二乗分布を用いて**区間推定**ができる．その根拠などは参考文献［1］に譲り，ここでは計算法のみを記す．

信頼水準 $1-\alpha$ での，故障率 λ の片側区間推定の上限の推定値は次式で求まる．

$(\chi^2(2r, \alpha)/2r)\ (r/T)$

ここで，r は故障数，$\chi^2(2r, \alpha)$ は自由度 $2r$ のカイ二乗分布の上側 $100\alpha\%$ 点，T は総動作時間である．定数打切りデータの場合はこのまま用いる．定時打切りデータの場合は，$\chi^2(2r, \alpha)$ の替わりに $\chi^2(2(r+1), \alpha)$ を用いる．

● ● 第6章　寿命データ解析

第6章の参考文献

［1］　二川　清：『はじめてのデバイス評価技術』，工業調査会，2000年．
［2］　二川　清：信頼性技術叢書『故障解析技術』，日科技連出版社，2008年．

付表1　記号一覧

記号	意味
F	不信頼度，累積分布関数
f	確率密度関数
H	累積ハザード関数
m	ワイブル分布の形状パラメータ
R	信頼度
t_{50}	メディアン寿命，対数正規分布のパラメータのひとつ
t_p	p パーセント点
η	ワイブル分布の尺度パラメータ
λ	故障率
σ	対数正規分布の形状パラメータ
Φ	標準正規分布
ϕ	活性化エネルギー
$\chi^2(2r, \alpha)$	自由度 $2r$ のカイ二乗分布の上側 $100\alpha\%$ 点

付表2 略語一覧 (1/3)

略語	フルスペル	対応日本語，意味，読み方など
3D-AP	three-dimensional Atome Probe	3次元アトムプローブ，APTともいう
ADV	Active Diffusion Volume	アクティブディフュージョンボリューム
AEM	Analytical Electron Microscopy (Microscope)	分析電子顕微法(鏡)
AES	Auger Electron Spectroscopy (Spectroscope)	オージェ電子分光法(装置)
AFM	Atomic Force Microscopy (Microscope)	原子間力顕微法(鏡)
APT	Atom Probe Tomography	3D-APともいう
ASRV	Active Stress Relaxation Volume	アクティブストレスリラクゼーションボリューム
CDM	Charged Device Model	デバイス帯電モデル
CL	confidence level	信頼水準
CL	Cathode Luminescence	カソードルミネッセンス
CMOS	Complementary Metal Oxide Semiconductor	相補型金属酸化膜半導体
CMP	Chemical Mechanical Polishing	化学機械研磨
CPM	Charged Package Model	パッケージ帯電モデル
Cs corrector	Spherical Aberration Corrector	球面収差補正装置
CT	Computed Tomography	コンピュータ断層撮影
CVD	Chemical Vapor Deposition	化学的気相成長
EBAC	Electron Beam Absorbed Current	電子線吸収電流法，RCIともいう
EBIC	Electron Beam Induced Current	電子線誘起電流法
EBSPまたはEBSD	Electron Back Scattering Diffraction Patterns	後方散乱電子回折像
EBT	Electron Beam Tester	電子ビーム(EB)テスタ
EDSまたはEDX	Energy Dispersive X-ray Spectrometry (Spectrometer)	エネルギー分散型X線分光法(装置)，イーディーエス，イーディーエックス
EELS	Electron Energy Loss Spectroscopy (Spectroscope)	電子線エネルギー損失分光法(装置)，イールス
EM	Electromigration	エレクトロマイグレーション，イーエム
EMI	Electromagnetic Interference	電磁妨害性・エレクトロマグネティックインターフェレンス
EMS	Electromagnetic Susceptivity	電磁感受性・エレクトロマグネティックサセプティビティ
EMS	Emission Microscope	エミッション顕微鏡，PEMともいう
EOS	Electrical Overstress	過電圧破壊，イーオーエス
EPMA	Electron Probe Microanalysis (Microanalyzer)	イーピーエムエー，XMAともいう
ESD	Electrostatic Discharge	静電気放電，イーエスディ
FCC	Face-Centered Cubic	面心立方格子
FIB	Focused Ion Beam (System)	集束イオンビーム(装置)，エフアイビー，フィブ
FICDM	Field Induced Charged Device Model	電場誘導デバイス帯電モデル
FIT	Failure Unit	故障率の単位：10^{-9}/時間，フィット
FIM	Field Induced Model	電場誘導モデル

付表2 略語一覧（2/3）

略語	フルスペル	対応日本語，意味，読み方など
FN	Fowler-Nordheim	ファウラー・ノルドハイム
FTIR	Fourier Transform Infrared Spectroscopy (Spectroscope)	フーリエ変換赤外分光法（計），エフティーアイアール
HAADF-STEM	High-Angle Annular Dark-Field Scanning TEM	ハーディフ・ステム
HBD	Hard breakdown	ハードブレークダウン
HBM	Human Body Model	人体帯電モデル
HCI	Hot-Carrier Instability	ホットキャリア不安定性
High-k	High Dielectric Constant	高誘電率
IDDQ	Quiescent IDD	準静的電源電流，アイディーディーキュー
IEEE	Institute of Electrical and Electronic Engineers	電気電子学会（必ず IEEE を併記する）
IR-OBIRCH	Infrared OBIRCH	赤外利用 OBIRCH，アイアールオバーク
IRPS	International Reliability Physics Symposium	国際信頼性物理シンポジウム
L-SQUID または L-SQ	scanning Laser-SQUID microscope	走査レーザ SQUID 顕微鏡，レーザスクィド
LADA	Laser Assisted Device Alteration	ラーダ
LDD	Lightly Doped Drain	低濃度ドレーン
Low-k	Low Dielectric Constant	低誘電率
LSM	Laser Scanning Microscope	レーザ走査顕微鏡
LTEM	Laser Terahertz Emission Microscope	レーザテラヘルツ放射顕微鏡，エルテム
LTPD	Lot Tolerance Percent Defective	ロット許容不良率（信頼性の場合はロット許容故障率に相当）
LVP	Laser Voltage Probing	エルヴィピー
M1	Metal 1	第1層目配線，エムワン
MCT	Mercury Cadmium Telluride	水銀カドミウムテルル
MM	Machine Model	マシンモデル
MTBF	Mean Time Between Failure	平均故障期間
NA	Numerical Aperture	開口数
NBTI	Negative Bias Temperature Instability	負バイアス温度不安定性
NF-OBIRCH	Near Field Optical proBe Induced Resistance Change	近接場光学プローブ利用 OBIRCH
OBIC	Optical Beam Induced Current	オービック
OBIRCH	Optical Beam Induced Resistance CHange	光ビーム加熱抵抗変動検出法，オバーク
PBTI	Positive Bias Temperature Instability	正バイアス温度不安定性
PEM	Photo Emission Microscope	エミッション顕微鏡，EMS ともいう
PICA	Picosecond Imaging Circuit Analysis（Analyzer）	パイカ
PIND	Particle Impact Noise Detection	粒子衝突雑音検出
PKG	PacKaGe	パッケージ

付表2 略語一覧 (3/3)

略語	フルスペル	対応日本語，意味，読み方など
PSG	Phospho Silicate Glass	ピーエスジー
PVD	Physical Vapor Deposition	物理的気相成長
RCI	Resistive Contrast Imaging	抵抗依存コントラスト像，EBACともいう
RIE	Reactive Ion Etching	反応性イオンエッチ
RIL	Resistive Interconnection Localization	リル
RoHS	Restriction of Hazardous Substances	危険物質に関する制限指令
S/N	Signal to Noise ratio	信号対ノイズ比
SBD	Soft BreakDown	ソフトブレークダウン
SCM	Scanning Capacitance Microscopy (Microscope)	走査容量顕微法(鏡)，エスシーエム
SCOBIC	Single Contact OBIC	単一コンタクトOBIC，スコービック
SDL	Soft Defect Localization	エスディーエル
SEM	Scanning Electron Microscopy (Microscope)	走査電子顕微法(鏡)，セム
SILC	Stress Induced Leakage Current	ストレス誘起リーク電流
SIM	Scanning Ion Microscope	走査イオン顕微鏡，シム
SIMS	Secondary Ion Mass Spectrometry (Spectrometer)	2次イオン質量分析法(計)，シムス
SIV	Stress Induced Voiding	ストレス誘起ボイド，エスアイヴイ，SMともいう
SM	Stress Migration	ストレスマイグレーション，エスエム，SIVともいう
SoC	System on Chip	システムオンチップ
SPM	Scanning Probe Microscopy (Microscope)	走査プローブ顕微法(鏡)，エスピーエム
SQUID	Superconducting Quantum Interference Device	超伝導量子干渉素子，スクウィド
STEM	Scanning TEM	走査型透過電子顕微鏡，ステム
TCR	Temperature Coefficient of Resistance	抵抗の温度係数，ティーシーアール
TDDB	Time Dependent Dielectric Breakdown	経時的絶縁破壊，ティーディーディービー
TDR	Time Domain Reflectometry	ティーディーアール
TEG	Test Element Group	試験専用構造，試験専用チップ，テグ
TEM	Transmission Electron Microscopy (Microscope)	透過電子顕微法(鏡)，テム
TOF	Time Of Flight	飛行時間
TREM	Time Resolved Emission Microscope	時間分解エミッション顕微鏡
VC	Voltage Contrast	電位コントラスト
WDSまたはWDX	Wavelength Dispersive X-ray Spectrometry (Spectrometer)	波長分散型X線分光法(計)
WEEE	Waste from Electrical and Electronic Equipment	廃電気・電子製品指令
XMA	X-ray Micro Analysis (Analyzer)	エックスエムエー，EPMAともいう
XPS	X-ray Photoelectron Spectroscopy (Spectroscope)	X線光電子分光法(計)，エックスピーエス

索　引

【数　字】
1/E モデル　19
2 次イオン質量分析法　104
3D-AP　105

【A-Z】
Active Diffusion Volume　63
Active Stress Relaxation Volume　63
AES　104，119
AFM　112
Black の式　49
CDM　80
Charged Device Model　80
Charged Package Model　78
Chemical Mechanical Polishing　53
Chemical Vapor Deposition　54
CL 法　120
CPM　78
Down-stream（下降流）モード　55
EBAC　97，112，120，125
EBIC　120
EBSD　106，119
EBSP　105
EBT　96，100
EB テスタ　110，119
　──法　97
EDS　95，97，104，120
EDX　95
EELS　97，104，119
EM　149
　──起因の故障率　151
EMS　115
EPMA　119，120
ESD　72
　──障害　72
　──パラメータ　86
Excel　161，163

──で計算　168
──を用いた解析法　149
E モデル　19
FIB　97，100，106，108，120，121，124，125
FTIR　95
F 解析　154，157
F と R の関係　152
F の区間推定　157
GGNMOS（Gate-Ground-NMOS）保護トランジスタ　87
$H \rightarrow F$ 解析　154，157，158，164
He イオン顕微鏡　120
HfO_2 膜　38
high-k/メタルゲート技術　36
high-k 膜　2
H 解析　154，157，158
IDDQ　95，125
IR-OBIC　102
IR-OBIRCH　100，102，105，110，111，121，123，124
　──法　109
LADA　102，103
LDD　33
Location 解析　87
low-k 膜　2
LSI 全体の故障率　151
Na^+ イオン移動　16
NBTI　26
OBIC　102
OBIRCH　96，102
　──効果　111
　──像　111
　──法　97
PBTI 問題　37
PEM　96，102，115，125
Physical Vapor Deposition　53

177

索 引

PIND　103
PSG 膜　16
RBS　121
RCI　97, 120
Reactive Ion Etching　53
RIE　108
RIL　103
RoHS（Restriction of Hazadaous Substances）　56
SDL　102, 103, 121, 123
SEM　95, 97, 100, 104, 105, 112, 119
　——像　106
SILC　18
SIM　106, 120
SIMS　104, 120
SPM　97, 100
STEM　97, 104, 106, 119
　——専用機　106
Stress induced Phenomena　57
Stress Migration（SM）　57
Stress-induced voiding（SIV）　57
TCR　110, 111
TDDB　17
TDR　95, 103
TEG　3, 156
TEM　97, 104, 106, 112, 119, 122, 125
THz 電磁波　100
TREM　102
Up-stream（上昇流）モード　56
VC　97, 119
VG モデル　19
WDS　120
WEEE（Waste from Elwctrical and Erectronic Equipment）　56
X 線 CT　95, 107
　——法　107
X 線透視法　107

【あ 行】

アノード正孔注入モデル　20
アレニウス則　50
アレニウスの式　166
アレニウスプロット　166, 167
イオンドリフト　65
打切りデータ　156
液晶塗布法　102
液晶法　109
エミッション顕微鏡　102, 105, 109, 110, 115, 121, 123
　——法　97
　時間分解——　102
エレクトロマイグレーション　45, 149
オージェ電子分光法　104
遅い変動成分　26
温度加速寿命試験　166

【か 行】

カイ二乗分布　171
回路設計　147
化学機械研磨　53
化学結合破壊　66
化学的気相成長　54
確率紙　159
確率プロット　158
カソードルミネッセンス　120
加速係数　6
加速式　6
加速寿命試験　168
活性化エネルギー　46, 166
可動イオン　16
加熱効果　111
完全データ　154, 155, 156
危険物質に関する制限　56
共焦点レーザ走査顕微鏡　105
金属顕微鏡　105
偶発故障　4
　——期　149, 152
クーロン力　46

索 引

区間推定　149, 157, 171
グレインサイズ　52
形状パラメータ　151, 154
結晶粒径　52
研究開発促進　91, 92
顕微FTIR　105
顧客満足度向上　91, 92
故障解析　145, 146, 159
　——の手順　93
　——の役割と目的　92
故障原因　156, 159
　——が混在　156
故障診断　121, 123
　——法　96
故障物理　3
故障メカニズム　156
故障モード　2, 156
故障率　147, 149, 151, 152, 154, 168
　——の累積分布　163
　——を推定　158
暦時間　169

【さ　行】

サーモビューア　109
最小二乗法　160
指数分布　149, 151, 152
実体顕微鏡　105
尺度パラメータ　151
寿命　166
寿命加速モデル　147
寿命試験　147
寿命データ　155
寿命データ解析　145, 146, 147, 149, 170
　——の種類　148
　——析法の種類　154
寿命データのタイプ　148, 154
　——と解析法　154
寿命分布　147
　——の種類　148

少数サンプル　170
冗長化　64
初期故障　4
　——期　149, 152
信頼水準　157
信頼性向上　91, 92
信頼性試験　3
信頼性設計　146, 147, 169
信頼性特性値　168
信頼性保証　3
信頼性予測　146, 147, 148, 149, 168, 170
信頼度　149
ストレス試験　5
ストレスマイグレーション　57
ストロボ法　100
スロートラッピング不安定性　25
赤外線顕微鏡　102, 109
遷移金属　110
　——の合金　110
走査SQUID顕微鏡　95, 100
走査型超音波顕微鏡法　107
走査レーザSQUID顕微鏡　100
ソフトブレークダウン　18

【た　行】

対数正規確率紙　160
対数正規確率プロット　162, 171
対数正規分布　149, 151, 164, 168, 170
　——の確率密度　154
チャネルホットエレクトロン注入　33
中途打切りデータ　158, 159
超音波探傷法　107
直列系　149
抵抗率　110
定時打切りデータ　154, 155, 156, 157
低誘電率(low-k)層間膜　64
適合する分布　147

索 引

テスタビリティ　95
デバイス帯電モデル　80
電位コントラスト法　97, 119
電子線ホログラフィ　119
電子－電子散乱モデル　36
電子トラップ発生モデル　22
電子ビームテスタ　110, 119
電子風力　46
点推定　149
特性 X 線　104, 119
ドレーンアバランシェキャリア注入　33

【な　行】

ナノプロービング　97, 126
任意打切りデータ　154, 155, 156,
　　158, 164
熱化学モデル　19
熱起電力効果　111
熱平衡結晶構造　59
熱膨張係数　59

【は　行】

パーコレーションモデル　23
パーセント点　147, 149, 151, 168,
　　169, 170
ハードブレークダウン　18
配線層間膜の TDDB　65
廃電気・電子製品　56
配分される故障率　169
バスタブカーブ　149, 151
バスタブ曲線　4
パッケージ帯電モデル　78
早い VT 回復特性　28
早い変動成分　26
パラメータの推定　159
バリアメタル　51
バリスティックモデル　47
反応－拡散（Reaction-Diffusion（R-D））モデ
　　ル　27
反応性イオンエッチング　53

微細金属探針　100
標準正規分布　162
比例縮小則　2
ヒロック　45
不信頼度　151
物理的気相成長　53
歩留向上　91, 92
ブレークダウン　65
プロセス設計　147
分布のパラメータ　147
分布への適合性　159
平均寿命　167
べき乗則　50
ポアソン比　60
ボイド　45
母集団　147
ホットキャリア　31
　──効果　31
　──不安定性　31

【ま　行】

前処理　121
摩耗故障　5
　──期　149, 152
見かけ上完全データ　156
メディアン寿命　154, 167
メディアンランク　160
目の子　160, 161
　──線引き　161

【や　行】

ヤング率　60

【ら　行】

ラッキーエレクトロンモデル　33
ランダム打切りデータ　156
理論分布　147
累積故障確率　154
累積ハザード　154, 163
　──値　158

索引

累積ハザードプロット　158
　──法　163
レイアウト設計　147
レーザテラヘルツ放射顕微鏡　100
劣化量　166

【わ　行】

ワイブル確率紙　160

ワイブル確率プロット　159, 171
　──の手順　161
ワイブル分布　149, 151, 164, 169
　──の信頼度関数　151
　──の累積分布関数　159

監修者紹介

益田 昭彦（ますだ　あきひこ）

1940 年生まれ．
電気通信大学大学院博士課程 修了．工学博士．
現在，帝京科学大学生命環境学部自然環境学科 客員教授，東京理科大学 非常勤講師．
主な著書に，『品質保証のための信頼性入門』（共著，日科技連出版社，2002 年），『最新電子部品・デバイス実装技術便覧』（共編著，R&D プランニング，2003 年）がある．
工業標準化経済産業大臣表彰，日本品質管理学会品質技術賞，日本信頼性学会奨励賞，IEEE　Reliability Japan Chapter Award（2007 年信頼性技術功績賞）．

鈴木 和幸（すずき　かずゆき）

1950 年生まれ．
東京工業大学大学院博士課程 修了．
現在，電気通信大学総合情報学科，同大学大学院情報理工学研究科 教授，工学博士．
主な著書に，『未然防止の原理とそのシステム』（日科技連出版社，2004 年），『品質保証のための信頼性入門』（共著，日科技連出版社，2002 年），『信頼性モデルの統計解析』（共著，共立出版，1989 年）がある．
Wilcoxon Award（米国品質学会，米国統計学会，1999 年）．

二川　清（にかわ　きよし）　全体編集，第 5 章，第 6 章 執筆担当

1949 年大阪市生まれ．
大阪大学大学院基礎工学研究科修士課程 修了．工学博士．
1974 年－2009 年，日本電気㈱他にて半導体の信頼性・故障解析技術の研究開発と実務に従事．現在，大阪大学大学院情報科学研究科 特任教授，金沢工業大学大学院工学研究科 客員教授，芝浦工業大学工学部 非常勤講師．
主な著書に，『信頼性問題集』（編著，日科技連出版社，2009 年），『故障解析技術』（日科技連出版社，2008 年），『LSI 故障解析技術のすべて』（工業調査会，2007 年），『はじめてのデバイス評価技術』（工業調査会，2000 年）がある．
信頼性技術功労賞（IEEE 信頼性部門日本支部），推奨報文賞，奨励報文賞（ともに日科技連信頼性・保全性シンポジウム），論文賞（レーザ学会）．

堀籠 教夫（ほりごめ　みちお）

1940 年生まれ．
東京商船大学（現 東京海洋大学）卒業．工学博士．
主な著書に，『信頼性ハンドブック』（共編著，日科技連出版社，1996 年）がある．
日本舶用機関学会土井賞，電子情報通信学会フェロー．

著者紹介

塩 野　登（しおの　のぼる）　第1章，第2章 執筆担当

　1947年生まれ．東北大学大学院工学研究科修士課程修了，工学博士．
　NTT LSI 研究所を経て，現在，㈶日本電子部品信頼性センター 理事，日本大学大学院理工学研究科電子工学専攻 非常勤講師．
　主な著書に『ULSI デバイス・プロセス技術』（共著，電子情報通信学会，1995年），『マイクロプロセスハンドブック』（共著，工業調査会，1990年），『シリコン熱酸化膜とその界面』（共著，リアライズ社，1991年）がある．

横 川 慎 二（よこがわ　しんじ）　第3章 執筆担当

　1970年生まれ．電気通信大学大学院修士課程 修了，博士（工学）．
　現在，ルネサス エレクトロニクス㈱，デバイス・解析技術統括部先端デバイス開発第二部チームマネージャー．
　主な著書に，『金属微細配線におけるマイグレーションのメカニズムと対策』（共著，サイエンス＆テクノロジー社，2006年），『信頼性七つ道具』（共著，日科技連出版社，2008年），『信頼性データ解析』（共著，日科技連出版社，2009年），『新版 信頼性工学入門』（共著，日本規格協会，2010年）がある．
　日本信頼性学会2003年高木賞，IEEE Reliability Society Japan Chapter Awards 2007年論文賞，日本信頼性学会第22回秋季信頼性シンポジウム優秀賞など．

福 田 保 裕（ふくだ　やすひろ）　第4章 執筆担当

　1953年大阪市生まれ．1977年，名古屋工業大学電気工学科卒業，沖電気工業㈱入社，半導体事業部生産技術，メモリ設計，信頼性技術を経て，研究本部プロセス研究部長．2005年，沖エンジニアリング㈱へ信頼性設計事業部長として転籍．2010年サムスン電子 LCD 事業部へ入社，現在に至る．主な静電気破壊研究活動は，1983年半導体デバイスの静電気破壊，パッケージ帯電モデル，試験方法の提案．1996年より IEC-TC101（静電気）-WG6（ESD Simulation）日本代表として活動．IEC61340-3-1/3-2 標準制定．
　1985年静電気学会技術賞受賞，1986年 CDM 自動試験装置（スタテスト CPM311）開発，1991特許発明奨励賞受賞，RCJ EOS/ESD/EMC シンポジウム Best Paper 受賞3回．

三 井 泰 裕（みつい　やすひろ）　第5章 執筆担当

　1944年生まれ．山梨大学大学院工学研究科修士課程 修了．工学博士．
　㈱日立製作所中央研究所，同半導体事業部，㈱日立ハイテクノロジーズにて計測技術研究開発に従事後，現在，半導体デバイス解析コンサルタント．
　主な著書に『LSI 製造におけるプロセス高性能化技術』（共著，リアライズ社，1989年），『ULSI 製造コンタミネーションコントロール技術』（共著，サイエンスフォーラム，1992年），『半導体産業の発展と UCS12年の成果』（共著，リアライズ社，2000年）などがある．
　日刊工業新聞十大新製品賞．

■信頼性技術叢書
LSIの信頼性

2010年10月28日　第1刷発行

監修者	信頼性技術叢書編集委員会
編著者	二川　清
著　者	塩野　登　横川慎二
	福田保裕　三井泰裕
発行人	田中　健
発行所	株式会社日科技連出版社

〒151-0051 東京都渋谷区千駄ヶ谷5-4-2
電話　出版 03-5379-1244
　　　営業 03-5379-1230
振替口座　東京 00170-1-7309
URL　http://www.juse-p.co.jp/

印刷・製本　河北印刷株式会社

© Kiyoshi Nikawa et al. 2010
Printed in Japan
本書の全部または一部を無断で複製（コピー）することは、
著作権法上での例外を除き、禁じられています。
ISBN978-4-8171-9363-6

信頼性技術叢書　好評発売中！

信頼性技術叢書編集委員会委員
益田昭彦・鈴木和幸・二川　清・堀籠教夫

信頼性七つ道具 R7

信頼性技術叢書編集委員会【監修】
鈴木和幸【編著】　CARE 研究会【著】
A5 判 216 頁

故障解析技術

信頼性技術叢書編集委員会【監修】
二川　清【著】
A5 判 188 頁

信頼性データ解析

信頼性技術叢書編集委員会【監修】
鈴木和幸【編著】　益田昭彦・石田　勉・横川慎二【著】
A5 判 264 頁

信頼性問題集

信頼性技術叢書編集委員会【監修】
二川　清【編著】　信頼性問題集編集委員会【著】
A5 判 248 頁

保全性技術

信頼性技術叢書編集委員会【監修】　藤本良一・堀籠教夫【著】
A5 判 224 頁

★日科技連出版社の図書案内はホームページでご覧いただけます。
URL　http://www.juse-p.co.jp/